產品結構設計實務

林榮德　編著

全華圖書股份有限公司

作者序

一位學校工科學生投入職場，倘若就職公司沒有一套完整的專業在職訓練，僅就學校所學之基本理論投入，貢獻度能否達到事半功倍之效，值得發人深省，因此基本的專職訓練愈形重要，目前國內除了一些大型的公司，如大同、聲寶、松下等員工上萬人之電子公司，對新進員工，偶爾會舉辦一些在職訓練(非專業性)外，其餘之小型企業幾乎乏善可陳，有鑒於此，本人僅就個人二十餘年之設計經驗，並蒐集一些相關資料加以匯整，讓初學者對設計有必備之基本概念。

—編輯部序—

「系統編輯」是我們的編輯方針，我們提供給您的，絕對不只是一本書，而是關於這本書的所有知識，它們由淺入深，循序漸進。

本書內容廣泛，涵蓋塑膠模具、五金產品之基本結構設計及各式零件的後加工處理，可充分補足一位產品機構工程師所必備的基本專業知識，對於剛踏入社會就業，將來意欲進入產品設計領域卻毫無工作經驗的新鮮人而言，本書無謂注入了一劑強心針。本書適用對象爲各私立大學、科大之機械系、工業設計系「產品結構設計」等相關課程之學生；或是塑模、五金產品基本結構、零件加工等相關業界之產品機構工程師，都很適合自習以及進修之用。

同時，爲了使您能有系統且循序漸進研習相關方面的叢書，我們以流程圖方式，列出各相關圖書的閱讀順序，以減少您研習此門學問的摸索時間，並能對這門學問有更加完整的知識。若您在這方面有任何的問題，歡迎來函聯繫，我們將竭誠爲您服務。

相關叢書介紹

書號：05354
書名：連續沖壓模具設計之基礎與應用
日譯：陳玉心

書號：05429
書名：塑膠模具設計與機構設計
編著：顏智偉

書號：05901
書名：射出成形的不良對策
日譯：歐陽渭城

書號：05581
書名：塑膠模具設計學－理論、實務、製圖、設計
(附 3D 動畫光碟)
編著：張永彥

◎上列書價若有變動，請以最新定價為準。

流程圖

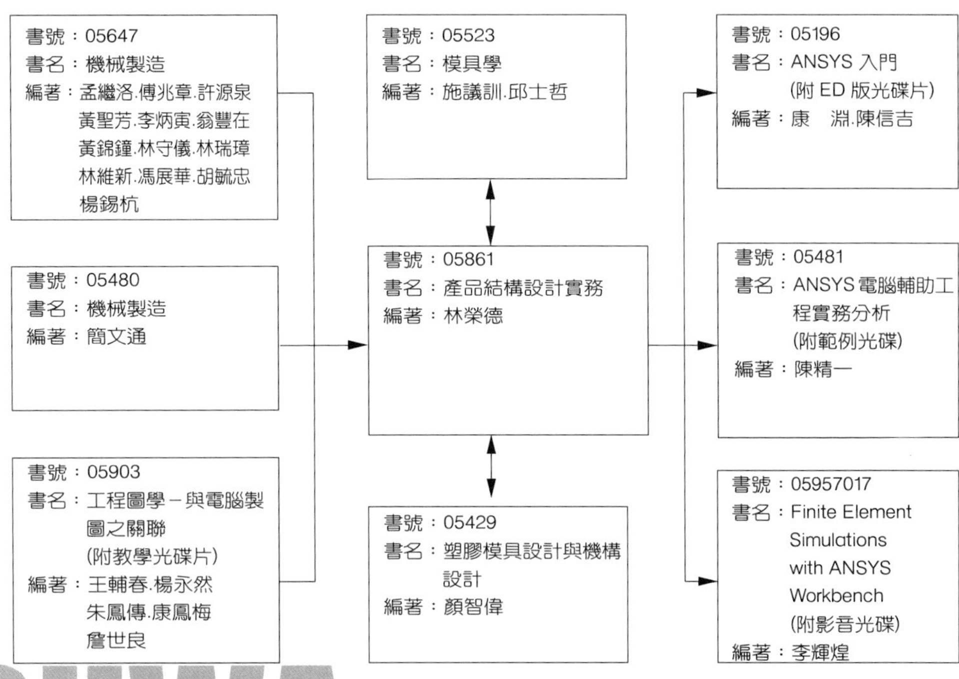

目　錄

Chapter 2 五金沖模篇

Chapter 3 基本結構設計

Chapter 4 電鍍篇

Chapter 5 特殊金屬合金製程介紹

Chapter 6 靜電與電磁波干擾防護

Appendix A 機構專業辭彙

Chapter 1

塑膠模具篇

1.1 產品設計前之準備工作

1.1.1 認識產品使用之基本材質及特性

高分子(Polymers 或聚合體)包括日常熟悉的塑膠和橡膠材料，它們均爲有機化合物，其化學組成是以碳、氫和其他非金屬元素爲基礎所組成的聚合物，具低密度且性能柔軟及重覆使用之特性。

一、常用於消費性產品之塑膠材料：

包裝用途：

- PET(聚對苯二甲酸乙二醇酯)
- PE(聚乙烯)
- PP(聚丙烯，又稱白折膠)

- PS(聚苯乙烯)
- PTFE(鐵氟龍)
- PVC

成形用途：

- ABS(Acrylonitrile Butadiene Styrene) (聚丙烯晴)丙烯/丁二烯/苯乙烯
- POM(聚縮醛)齒輪凸輪
- NYLON(尼龍)
- Acrylic(壓克力)
- Polycarbonate(聚碳酸脂)簡稱 PC
- ABS + PC
- ABS + GF(碳纖)
- Silicon(矽膠)
- Rubber(橡膠)

二、常用於消費電子產品之金屬材料：

金屬材料	比重	常用型號及用途
不銹鋼(Stainless steel/SUS)	(7.9)	SUS 301/401/403，支架，彈片，飾件
鈹銅(Beryllium Copper/BeCu)	(8.9)	接觸彈片，電鑄模仁
鋁(Aluminum/Al)	(2.75)	1050/1100 飾片，散熱片
鋁鎂合金(Al + Mg Alloy)		5052(射出成形)機殼
冷軋鋼板(SPCC)	7.85	固定支架(電鍍處理)
鍍鋅鐵板(SECC)	7.85	汽車板金件、支架
鋁錫合金		把手、支架、紀念章飾件(射出成形)
鋁錫鐵板(俗稱馬口鐵 SPTE)	7.85	隔離罩、食品罐頭
磷青銅板(銅錫合成 + 磷)	8.9	彈簧，軸承襯套
黃銅(銅鋅合金)Cu+Zn		燈具，扣件，端子
青銅(銅錫合金)Cu+Sn		文物鑄件、齒輪、耐磨零部件
紅銅(韌煉銅，磷脫氧銅合金板)		端子、電子零件、散熱器。
琴鋼線(SWP)		彈簧
白銅(銅鎳合金)Cu+Ni		電阻器

1.1.2 射出成形之塑膠材料後加工表面處理

一、染色方式：

- 依比例直接由成形之料桶添加色粉，較有色差問題。
- 由原料廠商依客戶指定配色先行染色再交由客戶使用，此種方式，不會有色差問題存在，廣爲接受之染色方式(Pre-Color)。

二、表面咬花：

可分細、中、粗三種等級，適用於不同之電子產品，一般會以產品殼體面積大小來決定咬花模角至少 3°以上(滑塊模具結構除外)，其咬花樣以美規最爲普遍 MT11010(細)、MT11020(中)、MT11030(粗)，咬花之最佳時機，應選擇部品完模最後階段，避免外觀設計變更，前功盡棄。

1.1.3 塗裝油漆種類

一般塑材會依噴漆配色，作同色染色處理再部品成形，防止塗裝剝落，影響外觀。

一、PU 漆：

正常膜厚維持在 25μm，爲二液型塗液，所謂二液型即指塗液必須加入一定比例之硬化劑方能使用，一般約可維持八小時工作時間，油漆之黏稠度約爲 11 秒，烘烤溫度約爲 55°C，烘烤 30 分鐘，表面塗裝層完全乾燥時間則須 72 小時。

二、橡皮漆：

其材質特性爲表面觸感有如皮質感具有較好之防滑力，正常膜厚維持在 40μm，爲二液型塗液，其價格較 PU 漆爲貴。

三、沙點漆：

部品表面未作咬花處理，但又要有咬花質感，於表層 PU 漆乾燥後，使用顆粒較粗之原配方油漆作第二道塗裝，油漆之黏稠度及噴鎗空氣壓力必須控制得宜，方能達到部品顆粒觸感之最佳效果。

四、PU+亮光漆：

爲防止產品外觀表面常被使用者撫摸操作之需求，如手機、相機、PDA 等電子產品，表面塗層易受手汗起化學變化致剝落，而在 PU 塗層加噴一層透明硬膜塗裝，藉以保護內層 PU 其膜厚約 40μm，因此設計者必須考慮組裝間隙。

五、變色漆(俗稱變色龍)：

係利用光線折射原理，依肉眼之不同視覺角度，噴塗層產生諸多不同顏色之變化，鑒於價格居高不下，目前仍侷限使用於高單價電子產品。

1.1.4 塗裝及印刷之信賴性測試標準

本章以 SONY 技術標準之塗裝/油墨品質基準加以說明：

	塑膠部品油墨及塗裝	金屬部品油墨及塗裝	應用實例	
Grade 1 (高標準)	PO-1	MO-1	戶外使用之外觀部品，必須被手觸摸之部品	相機部品
			室內使用之外觀部品，經常被手觸摸之部品	專業設備之控制按鍵
Grade 2 (標準)	PO-2	MO-2	介於 Grade 1 及 Grade 3 之間之外觀部品	
Grade 3 (低標準)	PO-3	MO-3	很少被手觸摸之外觀部品	後面板，按鍵面板

塗裝/油墨品質測試標準：

等級 / 測試項目	塑膠部品						金屬部品					
	油墨			塗裝			油墨			塗裝		
	PO-1	PO-2	PO-3	PO-1	PO-2	PO-3	MO-1	MO-2	MO-3	MO-1	MO-2	MO-3
耐磨性(橡皮擦測試)	50 次	35 次	—	50 次	35 次	—	65 次	50 次	—	65 次	50 次	—
附著性	需要	需要	需要	需要	需要	需要	需要	需要	需要	需要	需要	需要
耐酒精	15 回	10 回	5 回	15 回	10 回	5 回	30 回	20 回	10 回	30 回	20 回	10 回
耐油性(護手霜測試)	需要	需要	—	需要	需要	—	需要	需要	—	需要	需要	—

1.1.5 信賴性測試條件

測試項目	測試方法		環境條件	標準	應用	
耐磨性(橡皮擦測試)	測試機 橡皮擦 荷重 行程 速度	SONY 橡皮測試機(75100) Jet Eraser Refills 813R 16.1N(1.64Kgf) 25.4mm 30 來回/分	室溫	依下列標準測試 PO-1：50，MO-1：65 PO-2：35，MO-2：50 PO-3：－MO-1：－ 外觀印刷字體明顯塗裝不可有脫漆	油墨/塑膠	○
					印刷/塑膠	○
					油墨/金屬	○
					印刷/金屬	○
附著性測試	切斷器 膠帶 測試方法	NT(A-300)或同功能機 Nichiban No.405 ; or Scotch No.610 標準附著力 瞬間以 90°角度撕去膠帶	室溫/高溫高濕	印刷字體不可明顯脫落。	油墨/塑膠	○
					印刷/塑膠	○
					油墨/金屬	○
					印刷/金屬	○
耐酒精測試	測試機 測試材料 測試方法	抗酒精測試機(SONY) 1 公斤荷重及具吸水性棉花 濃度 76.9～81.4%消毒酒精。 將 0.5ml 酒精塗於 1 kgf/cm^2 之棉花，以來／回移動計算 1 次擦拭物件	室溫/高溫高濕	在下列規定的次數來回擦試測試後，印刷字體必須明顯 PO-1：15，MO-1：30 PO-2：10，MO-2：20 PO-3：5，MO-1：10 依據樣品照片判定	油墨/塑膠	○
					印刷/塑膠	○
					油墨/金屬	○
					印刷/金屬	○
耐油性(護手霜測試)	測試材料 測試方法	Nivea(尼維亞)or Atrix 塗抹護手霜於測試物上 於 chamber 24 小時後，取出於室溫環境，以棉花於印刷處擦拭	溫度：40±2°C 濕度：90～95%	印刷字跡明顯	油墨/塑膠	○
					印刷/塑膠	○
					油墨/金屬	○
					印刷/金屬	○

- 耐磨性測試，如圖 1-1。

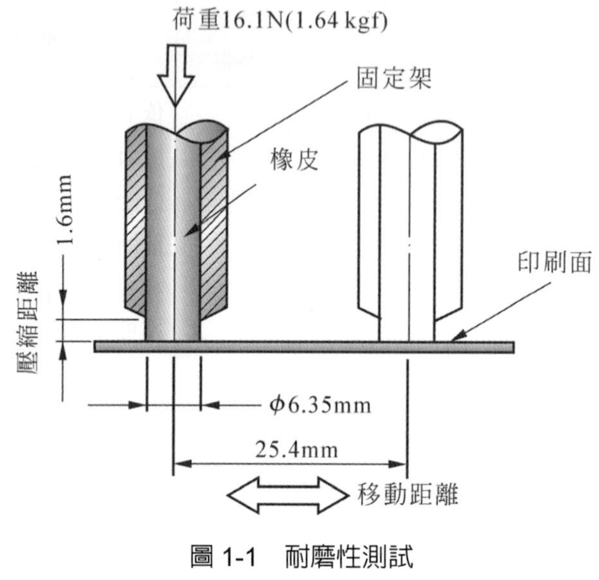

圖 1-1 耐磨性測試

- 附著性測試示意圖：

a. 美工刀規格，如圖 1-2。

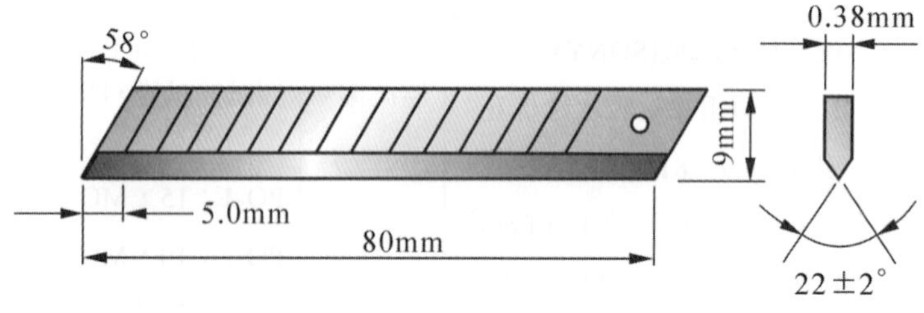

圖 1-2 美工刀規格

b. 膠帶規格：

18mm 寬。Nichiban No.405 或 Scotch No.610。

測試方法：

用美工刀於測試表面垂直方向各劃 11 條平行線，間隔 1.5mm，共 100 方格，將膠帶貼付於方格上，並用手指施壓撫平，如圖 1-3 所示，將膠帶末端拉至 90°(垂直表面)，並瞬間撕去膠帶。

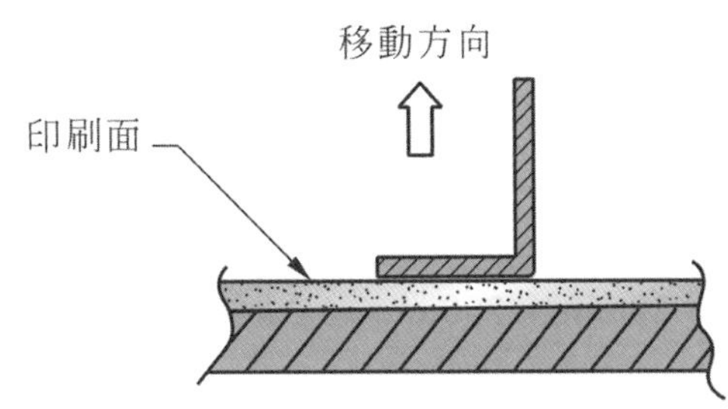

圖 1-3 測試方法示意圖

測試標準：百格內之印刷字體，不得脫落。

- 耐酒精測試方法：
  a. 測試機：抗酒精測試機(SONY)參考圖 1-4，或 1 公斤荷重取代，參考圖 1-5。
  b. 酒精：藥用乙醇，濃度 76.9～81.4%。
  c. 測試布：具吸水力之棉花。

測試方法：纏繞 8 層棉花，內含 0.5ml 酒精於測試頭，並施以 9.8N/cm^2 或 1kgf/cm^2 荷重，以下列之等級規格作來回測試。

PO-1 : 15 次，PO-2 : 10 次，PO-3 : 5 次。

MO-1 : 30 次，MO-2 : 20 次，MO-3 : 10 次單位：來回/秒。

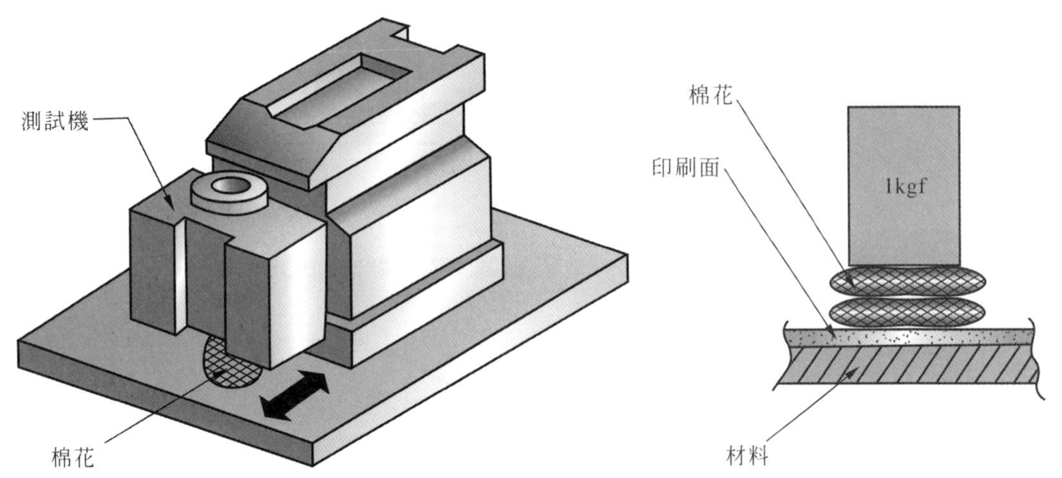

圖 1-4 耐酒精測試機

圖 1-5 耐酒精測試荷重示意圖

- 耐油漬測試方法：
  a. 測試環境：溫控烤箱。
  b. 護手霜：Nivea 或 Atrix。

c. 測試布：具吸水力之棉花，

測試標準：表面不得殘留痕跡。

測試方法：

a. 塗抹 0.5g 護手霜於 20mm × 200mm 之 2 層棉花上，將其覆蓋於測試片上，溫度保持 40±2°C，濕度 90～95%，24 小時。

b. 取出測試片，除去棉花表面擦拭乾淨。

1.2 應用塑膠材料產品設計重點

一、平均肉厚：此觀念對於產品設計非常重要，成品殼體肉厚保持均厚，內部肋片厚度亦須保持平均肉厚之一定比例，否則表面易造成嚴重縮水，如圖 1-6，1-7。

二、如圖 1-8 示肉厚不平均之斷面其縮水痕會留在公模面，不影響外觀。

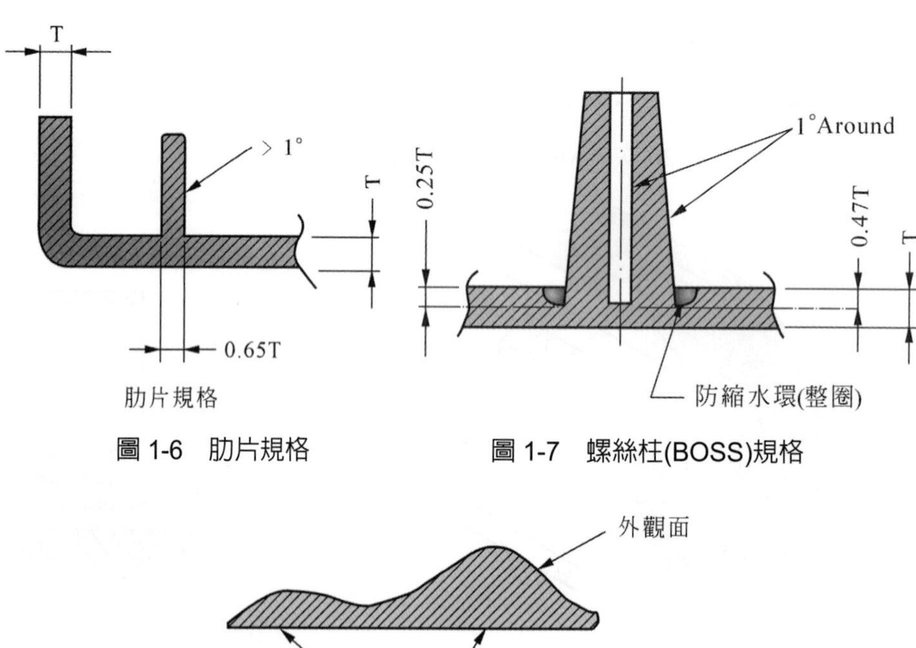

圖 1-6　肋片規格

圖 1-7　螺絲柱(BOSS)規格

圖 1-8

三、螺絲柱一般高度超過 10mm，模具會使用套筒(絲筒)，利用頂出板直接頂出，其毋須加脫模斜度，判定是否爲套筒結構，可由螺絲柱頂面全周爲銳角判定之，如圖 1-9。

四、防縮水環應用時機係當螺絲柱高度極高，因脫模斜度關係，造成根部壁厚較厚表面極易縮水，而採取的一種逃肉(減膠)措施，如圖 1-7。

五、如成形材料爲透明，外觀不允許看到公模頂針痕跡，則必須模具結構利用頂出板，成品全面積頂出，如成品膠厚太厚作平均肉厚減膠，則高度差處必須加 *R* 角(愈大愈好)以消除偷料投影線，如圖 1-10 示。

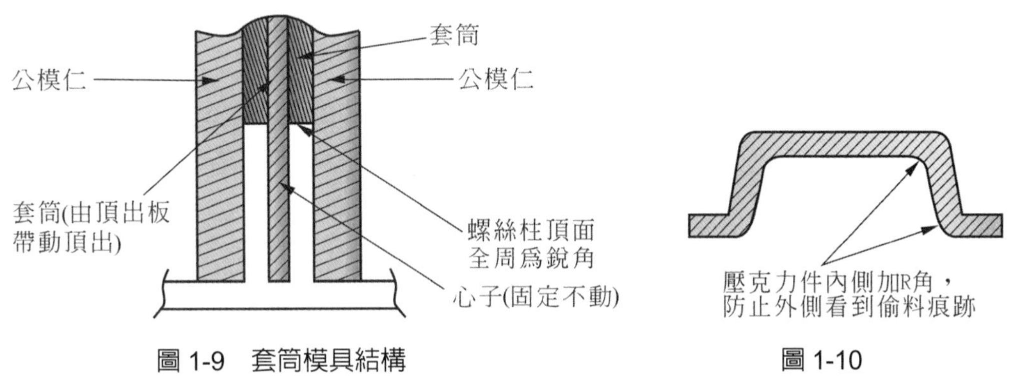

圖 1-9　套筒模具結構　　圖 1-10

六、成品結構設計有倒勾設計，不能公母模脫模，則必須運用斜梢模具設計，其斜梢作動行程，不能有任何結構體，必須避空其斜梢作動行程，計算如下：

$a = h \times \tan 6^\circ$

$b = \dfrac{6}{\cos 6^\circ}$

斜梢佔用空間$=a+b$，成品脫模、斜梢作動作行程$=c$

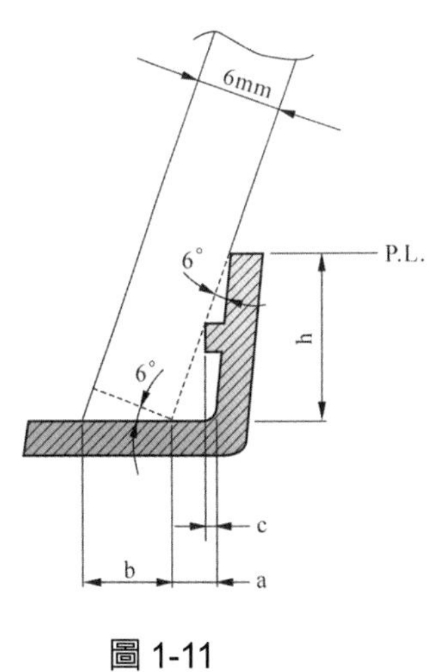

圖 1-11

註

1. 斜銷最大之極限角度爲 10°，角度愈大，成品頂出時，愈容易產生偏斜，必須利用十字溝頂針定位成品。
2. 計算例係使用斜銷厚度= 6mm，採 6° 脫模頂出。

七、前後殼體結合之基本結構 — 文武崁(止口)

文武崁之作用：

(1) 防止殼體 PL(Parting Line)處，因不密合產生間隙看到內部零件。

(2) 使殼體 PL 面保持平整，防止段差刮手。

(3) 防止外力使殼體塌陷，損傷電子元件或造成產品誤動作。

母模面側牆之脫模斜度：

(1) 打光處理 ≥1.5°

(2) 表面細咬花 ≥3°，側面之咬花深度 = 正面深度 ×70%

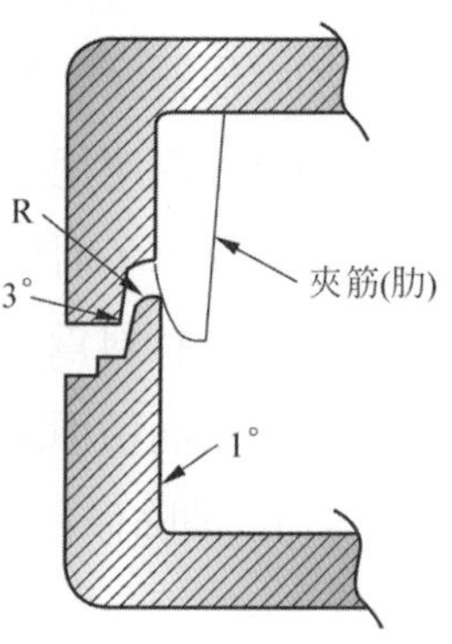

圖 1-12

八、倘若塑膠成品深度很深，如利用一般圓柱頂針作頂出，成品很容易造成頂針打凸，則必須利用俗稱之扁頂針(或稱 B 銷)由 PL 面處作頂出分佈亦須平均，防止受力不均。

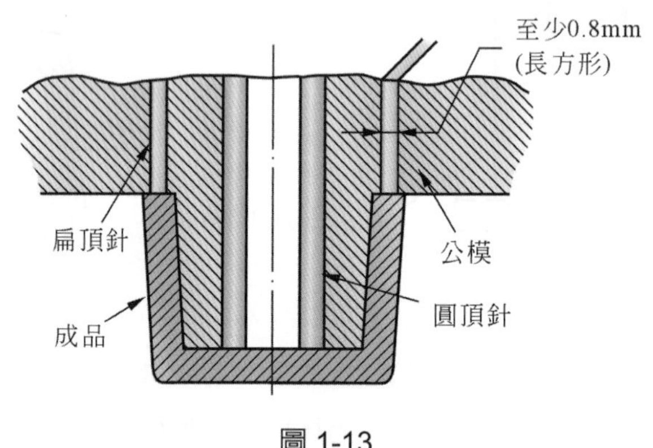

圖 1-13

1.2.1 塑膠模具之種類

模具依進澆點區分之種類，可分爲側澆口及針點澆口系列：

一、單點進澆(PIN GATE)：俗稱二板模，由成品母模面直接進澆，如圖 1-14 示。

優點：模穴走料均勻，其位置一般位於成品中心位置，因此無結合線(夾水紋)之慮。

缺點：a. 其料頭必須以二次加工，銑刀銑削平整。

b. 其進料位置，必須追加 1PC 銘板或貼紙加以掩飾。

二、多點進澆(針點 PIN GATE)：俗稱三板模，亦即多了一塊脫料板，如圖 1-15 示。

優點：勿須修剪 GATE，其 GATE 由脫料板，頂出拉斷，多應用於不易跑料之成品，或是有其外觀考量。

缺點：由於是多點進澆，因此會形成諸多之結合線是其缺點可利用成形條件或模溫控制使其結合線消失於無形。

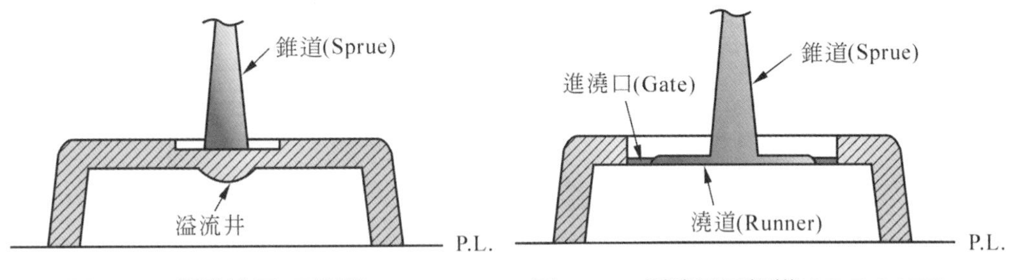

圖 1-14　單點澆口(二板模)　　圖 1-15　側澆口二板模(SIDE GATE)

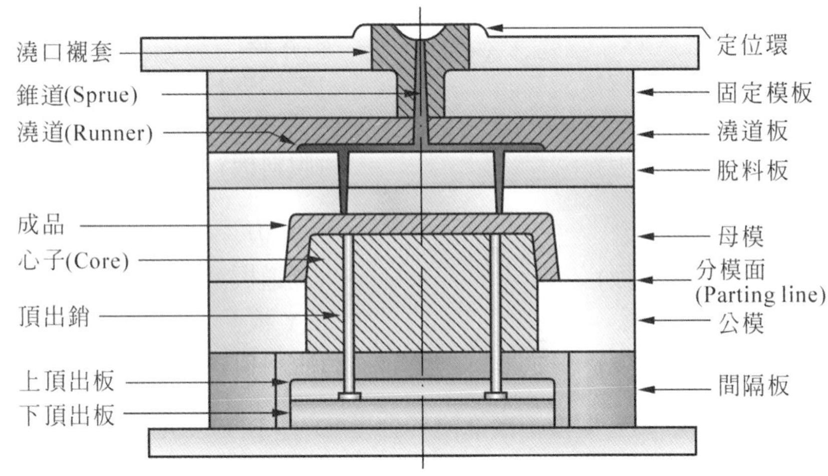

圖 1-16　針點澆口(三板模)

三、側澆口(SIDE GATE)：如圖 1-15 所示，依模具結構不同，系統可分爲 4 種形式，可爲二板模或三板模，如下圖：

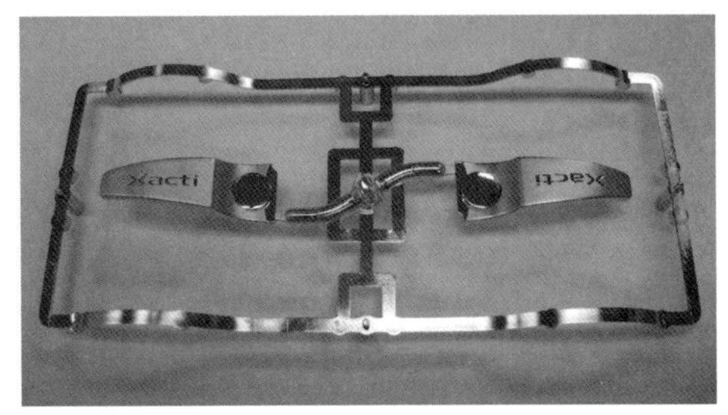

側向進澆實例

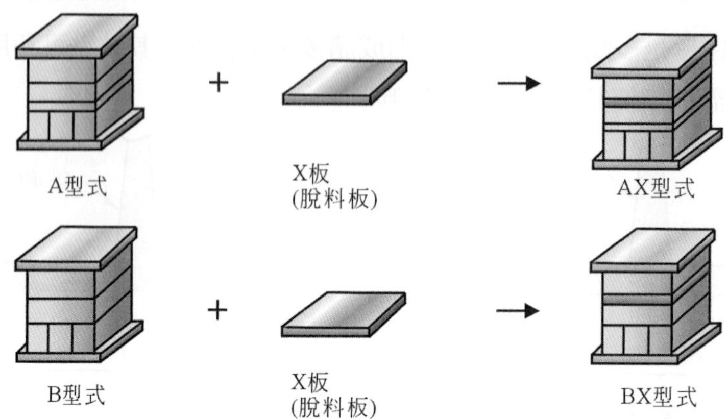

四、 針點澆口(PIN GATE)：依模具結構不同，P 系列可分為下列 8 種型式。

<table>
<tr><td rowspan="2">A 型式</td><td>+</td><td>X 板
(脫料板)</td><td>⇒ AX 型式 +</td><td>X 板
(澆道板)</td><td rowspan="2">⇒ AXY 型式</td></tr>
<tr><td>+</td><td>Y 板
(澆道板)</td><td>⇒ AY 型式 +</td><td>Y 板
(脫料板)</td></tr>
</table>

<table>
<tr><td rowspan="2">B 型式</td><td>+</td><td>X 板
(脫料板)</td><td>⇒ BX 型式 +</td><td>X 板
(澆道板)</td><td rowspan="2">⇒ BXY 型式</td></tr>
<tr><td>+</td><td>Y 板
(澆道板)</td><td>⇒ BY 型式 +</td><td>Y 板
(脫料板)</td></tr>
</table>

五、 潛伏式澆口：其模具為三板模結構進澆於公模“D”型 BOSS(SUBMARING GATE)，如下圖 1-17 所示：

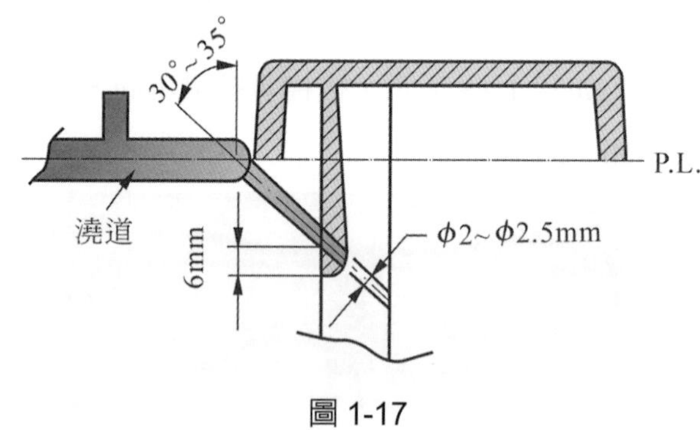

圖 1-17

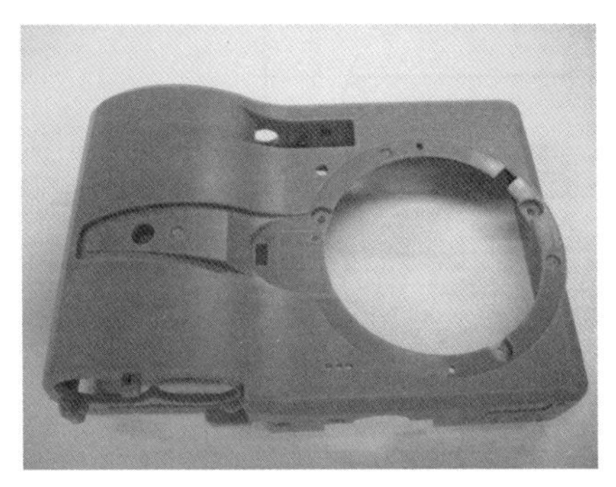

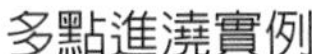

多點進澆實例

直接進澆實例

1.2.2　模具逃氣孔之目的與設計

當模具閉鎖，噴嘴準備射膠成形，此時模穴內若無適當之逃氣孔設計，穴內氣體無法逃竄，成品易形成包風，表面局部燒焦外觀不良之現象，模具之逃氣孔設計如下：

一、利用模仁之分模面處作逃氣溝，如圖 1-18 示。

二、公模仁追加透氣用金屬圓棒(網狀)鑲件。

三、利用頂針作逃氣孔。

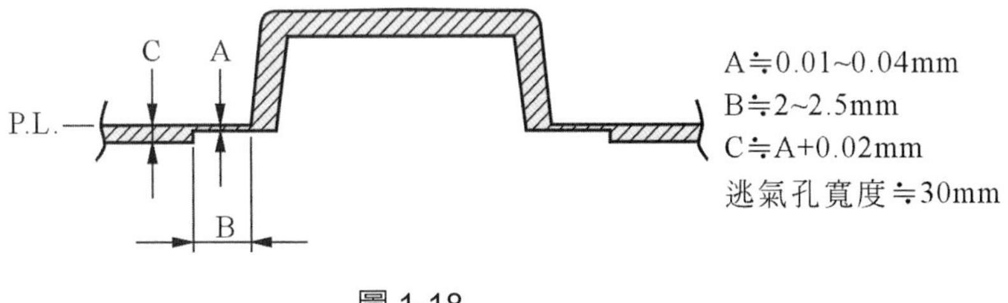

圖 1-18

樹脂	排氣溝深度
PE	0.02
PP	0.01~0.02
PS	0.02
SB	0.03
ABS	0.03
AS	0.03
ASA	0.03
POM	0.01~0.03
Nylon	0.01
Nylon (GF)	0.01~0.03
PBT	0.01~0.03
PC	0.01~0.03

註

依模具廠師父經驗 A ≤ 0.1mm，成品仍不會出毛邊。

1.2.3　模具冷卻管道之目的與設計

當噴嘴將模穴填滿流體塑料時，成品必須作冷卻處理，予以塑化凝固，否則成品頂出易打凸變形，因此務必於模仁作冷卻管道設計，利用連接冷凍機之冷凍水，循環管道達到冷卻之效果，其設計值如下圖 1-19 所示。

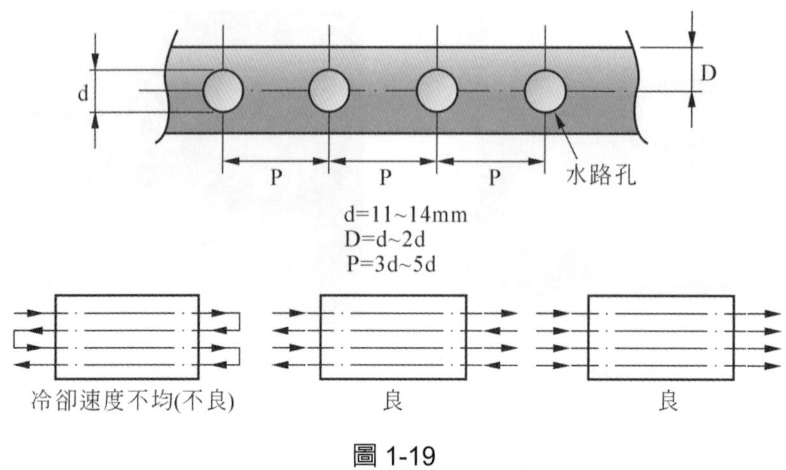

圖 1-19

1.2.4 模具澆道之種類及選定

一、依澆道之形狀可區分爲，圓形，U 字形，梯形等 3 種，如圖 1-20 示。

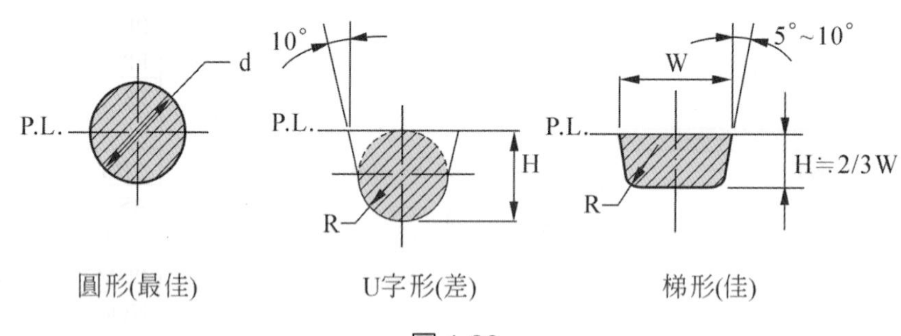

圖 1-20

形狀	規格稱呼	4	6	(7)	8	(9)	10	12
圓形	d	4	6	7	8	9	10	12
U 字形	R	2	3	3.5	4	4.5	5	6
	H	4	6	7	8	9	10	12
梯形	W	4	6	7	8	9	10	12
	H	3	4	5	5.5	6	7	8

單位：mm

註

括弧內之尺寸，儘可能不去使用。

二、澆道規格之選定：

(1) 依成品投影面積

規格稱呼(mm)	成品投影面積(cm^2)
6	10 以下
7	50
(7.5)	200
8	500
9	800
10	1200

(2) 依成品之重量

規格稱呼(mm)	成品重量(oz)
4	3
6	12
8	
10	12 以上
12	大型

1.2.5 何謂三板模？

三板模是利用固定模座與固定模固定板之間，另外加裝一塊推出板當模具開啓時，利用推出板之推力，先將錐道(Sprue)與噴嘴連接處拉斷。當模具開啓至某一行程時，成品掉落，同時與錐道剝離，而達到錐道與成品分別自動落料的目的，適用於成品小、模穴數多、成形量多之產品。

1.2.6 錐道(Sprue)彈出裝置

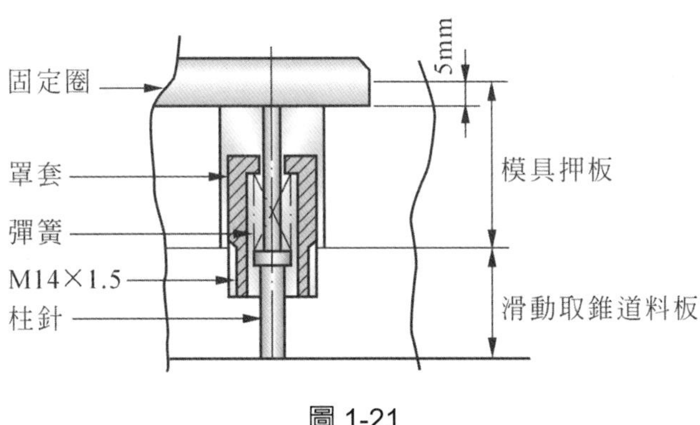

圖 1-21

1.3 何謂熱澆道？

在塑膠射出成形時，利用加熱器裝置保持錐道(Sprue)，及橫澆道(Runner)之塑料於熔融狀態，脫模時仍保持在模具中，此即所謂熱澆道射出成形，其優點略述如下：

一、可縮短射出時間，且無廢料產生，大幅降低材料成本及處理費用。

二、使用小澆口，成品內應力小，外觀良好，成形品溫度、壓力一致，縮水率容易控制。

三、橫澆道中壓力損失小，可降低樹脂溫度，減低射出壓力。

四、可使用針點澆口代替三板模方式，延長塑模之壽命。

五、可使用側澆口成形，一次單個或多個成形。

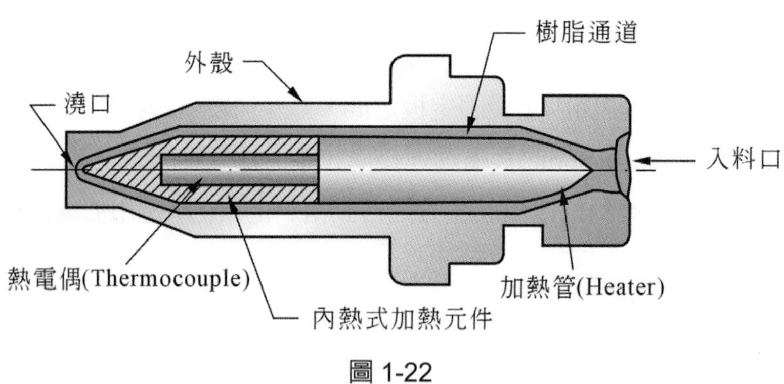

圖 1-22

1.3.1 熱澆道系統常用之種類

一、旭化成系統：

由日本旭化成工業工程塑膠部研發適用於成品 5g 以下之部品。

二、BASF 系統：

由西德 BASF 公司研發，其 Thermoplay 熱火嘴，可以應用於針點澆口及側澆口上，此系統屬於直接加熱式。

三、杜邦系統：

此系統爲杜邦公司專爲客戶開發，適用杜邦之 Derulin acetal 樹脂、Zitel nylon 樹脂、Lainite 熱塑性聚酯樹脂等工程塑膠。

四、 Plagate 系統：

此系統之特性計有：

(1) 提高成形週期。

(2) 成形自動落下。

(3) 不會牽絲，垂落作業性佳。

(4) 系統之組合或改造簡單。

(5) 電氣配線少，因此問題少。

五、 Incoe 系統：

Incoe 公司研發其種類可分爲，內部加熱方式的 HT8 系列、外部加熱方式的 ESB、SF 系統及油壓開閉澆口的閥澆口系列。

HTB 之特性(內部加熱式)：

(1) 易於保持襯套與模具本體之溫度差。

(2) 澆口加工良好。

(3) 直接裝於成形機噴嘴有單一型(single type)及歧管型(manifold type)兩者

ESB/SF 之特性(外部加熱式)：

(1) 壓力損失少。

(2) 延伸流動距離。

(3) 不具熱安定性的樹脂可以熱澆道化。

(4) 直接裝於成形機噴嘴，有單一型及歧管型。

1.3.2 熱澆道模塑料換色要領

一、 先提高溫度 20～30°C。

二、 減少冷凝層。

三、 持續加溫 10 分鐘。

四、 射速放慢，射壓加大。

五、 回復原來的溫度。

1.4 常用之模具加工設備及估價參考單價(元/小時)

加工機別	單價	加工機別	單價
鉋床	170	光學磨床	300
車床	200	工具磨床	350
工模搪床	400	線切割	350
鋸床	160	放電加工	350
熱處理	250	鉗工加工	200
平面磨床	200	CNC 加工	
大磨床	300	模仁打光	
圓筒磨床	350	設計	
銑床	250		

1.4.1 模具鋼材之選用及參考價格

材質	方形(元/公斤)	圓形(元/公斤)	材質	方形(元/公斤)	圓形(元/公斤)
FC20	42～45	39～46	PDS2	53	53
S45C	28	20～32	NAK80	200	200
S50C	18～20		PD555	330	
SNCM8		32	ASSAB718	115～140	
SS41	20～26		SCM4	50	50
SK3	40	30	FDAC	220	180~200
SK5	40	30	SKD11	160	
SKD1	97	82	SKD61	140	130
PDS3	72	72	Cu	110	110
PDS5	85	85			

註

上表為 1994 年鋼材參考價格及模具加工行情。

1.4.2 模座材質之選用

模座(Mold Base)係採標準形式，由專業製造廠提供，模具廠可依實際需求下單，其材質一般採硬度較高及價廉如 S45C，S50C，S55C，SK3，SK5 等。

1.4.3 模仁材質之選用

一、一般產品：

以 PDS3，ASSAB718，P20 爲主，爲考慮鋼材之加工性。

二、表面要求嚴格或透明之產品：

採用 NAK80 爲佳，其材質結晶較細緻，無砂孔之虞，且加工性佳，以透明壓克力件爲例，模仁至少砂紙 #2000 號打磨後，再以鑽石膏打光至鏡面狀態。

三、模仁需要高硬度且不希望作熱處理，以免變形影響尺寸，則使用 FDAC 較佳。

1.5 油壓缸之使用時機及其規格形式

當成品倒勾(Outside under cut)很深，無法使用外斜銷或滑塊克服倒勾行程。則必須使用油壓缸輔助結構，其特性爲利用油壓原理，快速帶動倒勾部份之模仁。

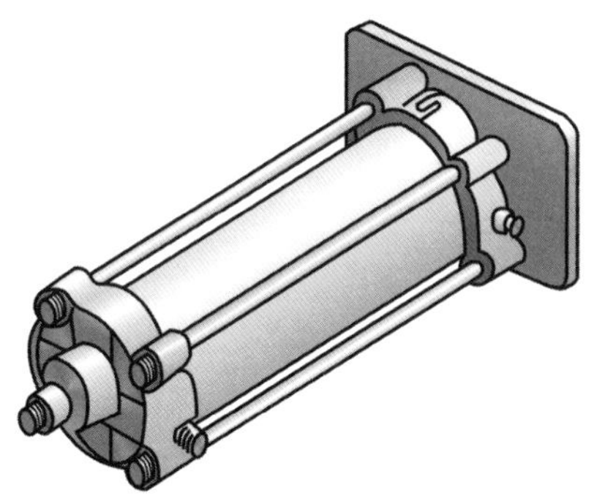

圖 1-23

油壓缸規格形式表示法。

安裝 —— 緩衝 —— 內徑×行程 —— 桿徑 —— 接頭

Mounting Styles　Cushion　Bore　Stroke　Rod series　Connector

Cushion:
- N：No Cushion
- B：Both End Cushion
- H：Head End Cushion
- R：Rod End Cushion

Mounting Styles: FA, FB, LA, LB, CA, TD, CB

1.6 模具內成形收縮率之計算

成形品在常溫安定的尺寸與模具尺寸之差，稱爲成形收縮率。

$$\text{成形收縮率}=\frac{\text{模具尺寸}-\text{成形品尺寸}}{\text{成形品尺寸}}\times 100\%$$

上述公式係以百分比表示，但一般應用上，則以千分比稱呼。

例：塑料收縮率= 5/1000，成品尺寸= 400mm，求模具尺寸 =？

模具尺寸= 400 × (1 + 5/1000) = 402mm

1.6.1 影響成形收縮率之條件

一、射出壓力加高，收縮率變小。

二、射出速度加大，收縮率變小。

三、射出保壓時間加長，收縮變小。

四、模具內保壓時間加長，收縮率變小。

五、模具溫度上升，收縮率變大。

六、澆口(GATE)斷面積加大，收縮率變小。

七、肉厚加厚，收縮率變大。

八、肉厚加厚，則長度方向(縱向)的收縮率變大。

九、材料溫度加高，收縮率變小。

1.6.2 常用塑料之收縮率(縮水率)

樹脂名	收縮率	樹脂名	收縮率	樹脂名	收縮率
PC + 玻璃纖維	0.011	ABS + PC	0.005	尼龍 6	0.016
PVC(硬質)	0.003	乙酸纖維素	0.005	PP	0.016
CP(丙酸纖維素)	0.004	尼龍 610	0.005	Polyacetal Copctyacr	0.017
PBT+玻璃纖維	0.004	尼龍 6 +玻璃纖維	0.006	Polyacetal hemopdymet	0.018
ABS	0.004	PC	0.006	Methyl mesoteso polymer	0.020
AS	0.004	PPO	0.007	高壓法 PE	0.025
一般用 PS	0.004	聚朔碸	0.007	中壓法 PE	0.025
耐衝擊用 PS	0.004	PET +玻璃纖維	0.008	低壓法 PE	0.030
MMA(甲基丙烯酸甲酯)	0.004	尼龍 66	0.015	PVC(軟質)	0.030

1.7 特殊材質模仁之應用

一、母模不作鑲件，直接由模座 CNC 雕出：

此法一般應用於母模仁外形簡單，但模座(Mold Base)材質必須升級，如 P20，由於未鑲模仁，物件加工較爲笨重是其缺點。

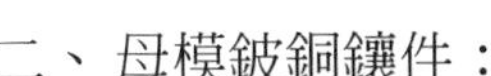

二、母模鈹銅鑲件：

利用鈹銅材質作母模鑲件，其外觀係使用材質較堅硬之公模擠壓成形，一般應用於外觀表面較講究之物件，如旋鈕、飾圈等。

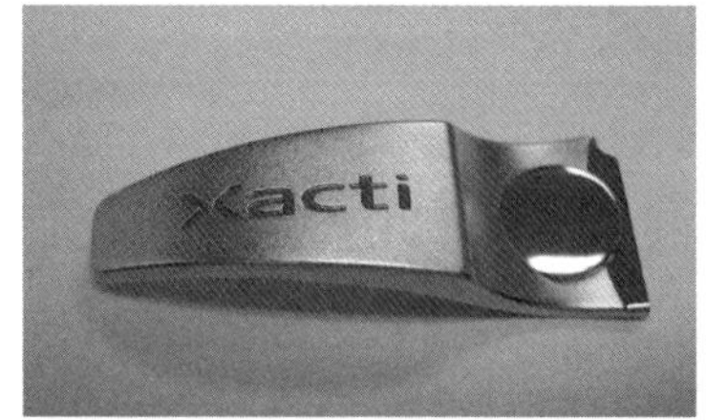

電鑄模仁飾片

三、電鑄母模仁鑲件：

表面外觀要求精緻之部品，可使用電鑄模仁，其模仁製程如下：

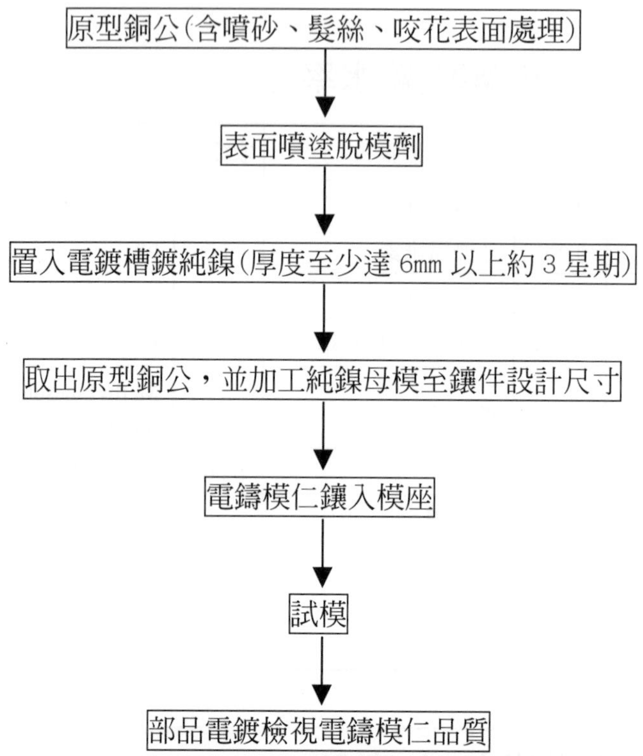

電子消費性產品、電鑄模仁應用很廣，外觀精緻是其優點，但模仁製作時間長(約 40～45 天)及價格昂貴爲其缺點。

電鑄製程(一)

電鑄製程(二)

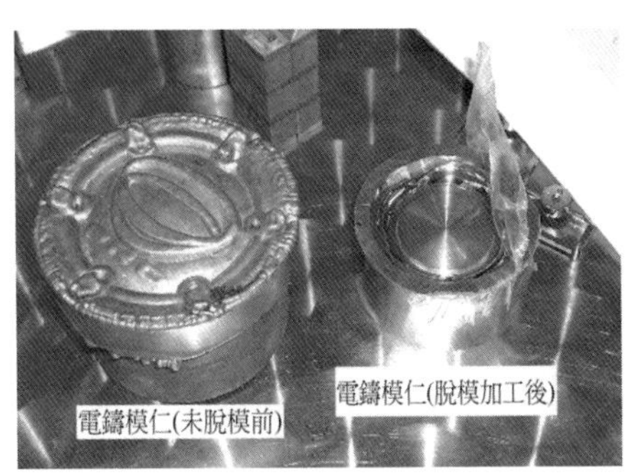

電鑄製程(三)

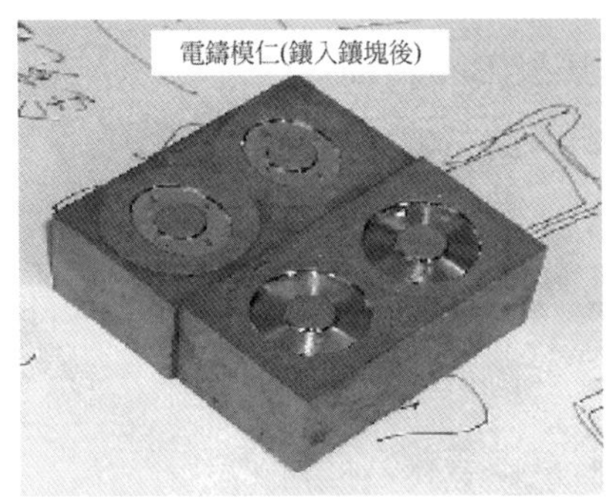

電鑄製程(四)

1.8 射出成形的問題與對策(Trouble Shooting Guide of Injection)

一、黑細片污點(Black Blemish)：

- 料管含有雜物：提高料管溫度使得已分解之樹脂從料管壁上鬆落，並將其淨化。
- 由於其他樹脂分解、淨化、清理料管。
- 於關掉料管溫度後，當其低於 270～275°C 射料清理。
- 於開始設定時，當料管溫度到達 260°C 時，即開始射料清理直至成形溫度。
- 於冷卻狀況下，將附著在料管壁上之分解物取出。
- 利用粉碎之壓克力料當作清理材料。

二、脆化(Brittleness)：

- 降低樹脂溫度，可由：

  A. 降低料管溫度。

  B. 降低螺桿迴轉速(R.P.M)。

  C. 降低背壓(Back Pressure)。
- 檢查是否含有雜質(其他異質材料)。
- 減少粉碎料之比例。
- 適當的樹脂乾燥(1～2hrs)。

三、焦痕(Burn Marks)：

- 降低射出速度。
- 減少保壓時間。
- 變換澆口位置或增大其尺寸。
- 降低射出壓力。
- 改善模穴之排氣。

四、變色(Discoloration)：

- 清理料管。
- 降低樹脂溫度，可由：
  A. 降低料管溫度。
  B. 降低螺桿迴轉速。
  C. 減少背壓。
- 降低噴嘴(Nozzle)溫度。
- 縮短循環周期時間(Cycle Time)。
- 檢查料斗及供料區是否有雜質。
- 檢查料斗和供料區之冷卻是否良好。
- 在模具上增設排氣孔(Vents)。
- 將模具移至較小的機台上操作。

五、剝離(Delamination)：

- 升高樹脂與模具溫度。
- 去除雜質。
- 樹脂充分乾燥。
- 增加射出速度。

六、噴射或蛇紋現象(Jetting)：

- 降低射出速度。
- 增高樹脂溫度。
- 加大澆口尺寸。
- 減短澆口深度。

七、噴濺痕(Splay Marks)或銀條紋(Silver Streak)：

- 降低樹脂溫度，可由：
  - A. 降低料管溫度。
  - B. 減少螺桿迴轉速。
  - C. 降低背壓。
- 降低噴嘴溫度。
- 縮短循環周期時間。
- 樹脂於使用前充分乾燥。
- 檢查是否有水或油漏入模穴。
- 將模具移至較小的機台。
- 檢查噴嘴是否有滴垂現象(Drooling)。
- 降低射出速度。
- 增高模具溫度。
- 加大澆口。

八、黏模在母模側(Sticking on Cavity)：

- 降低射出壓力。
- 減少保壓時間。
- 調整充填緩衝量，使其保持一定。
- 增長閉模時間。
- 降低模具溫度。
- 降低料管及噴嘴溫度。
- 檢查模具是否有內槽(Undercut)或脫模斜度不足。

九、黏模在公模側(Sticking on Core)：

- 降低射出壓力。
- 減少保壓時間。
- 調整充填緩衝量，保持一定。
- 減少閉模時間。
- 降低模具溫度。

- 降低料管與噴嘴溫度。
- 檢查模具是否有內槽或脫模斜度不足。

十、澆口粘於襯套上(Sticking on Sprue Bushing)：

- 降低射出壓力。
- 減少保壓時間。
- 增長閉模時間。
- 降低澆口處之溫度。
- 增加噴嘴溫度。
- 檢查澆口與噴嘴兩者位置是否適當。
- 增設拉斷澆用口之溝槽。

十一、凹陷與氣泡(Sink Mark/Void)：

- 增加射出壓力。
- 延長射出時間。
- 使用最快之射出速度(凹陷時)。
- 增高模具溫度(氣泡時)。
- 降低模溫(凹陷時)。
- 減慢射出速度(氣泡時)。
- 減少緩衝體。
- 加大澆道、澆口之尺寸。
- 將澆口移至內壁較厚之附近。

註：凹陷又稱縮水。

十二、成品翹曲(Warpage or Distortion)：

- 平均可動模與固定模兩邊之模隔。
- 觀察成品頂出是否均勻。
- 檢查成品頂出後之處置方式。
- 增長射出時間。
- 嘗試增加或減少壓力。
- 試用高或低的模溫。

- 增長閉模時間(Close Time)。
- 降低樹脂溫度。
- 依成品形狀針對翹曲情況設定不同的模溫。
- 利用夾具並使成品均勻冷卻。

十三、結合線(Welded Line)：

- 增加射出壓力。
- 延長射出前進時間。
- 提高模溫。
- 提高樹脂溫度。
- 在結合線處增設排氣口(Vent)。
- 在結合線處之下端增設溢流井(Over Flow Well)。
- 改變澆口位置，來變化流動形態。
- 增快射出速度。

Chapter 2

五金沖模篇

2.1 五金沖模之種類

一、單沖模：將下料、沖孔、折彎、引伸工程模具分開製作，針對物件較龐大、形狀較複雜適用。

二、複合模：合併二項以上不同工程之模具，如引伸 + 沖剪一次完成，優點為縮短工程步驟，增加產能。

三、連續模：將工程模具依製程步驟依序排列，部品材料使用料帶方式自動拖曳沖製，對於製程繁複，部品體積較小，不利於工程模製作適合採用，模具費用較高是其缺點，優點為製程時間縮短，具大量生產優勢，且成品單價大幅降低。

2.2 沖模設計原則

一、沖須控制“孔”的尺寸。

二、模孔控制“工件”之外部尺寸。

三、儘量採用標準零件，減少“自製率”。

四、儘可能一次完成。

五、劃分組類，共同使用同尺寸上下模座(快速換模之主要條件)。

2.3 沖壓模具基本構造圖

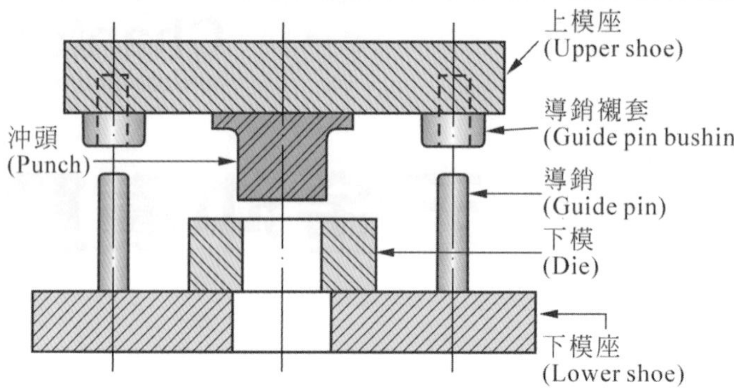

圖 2-1　單沖壓模構造圖

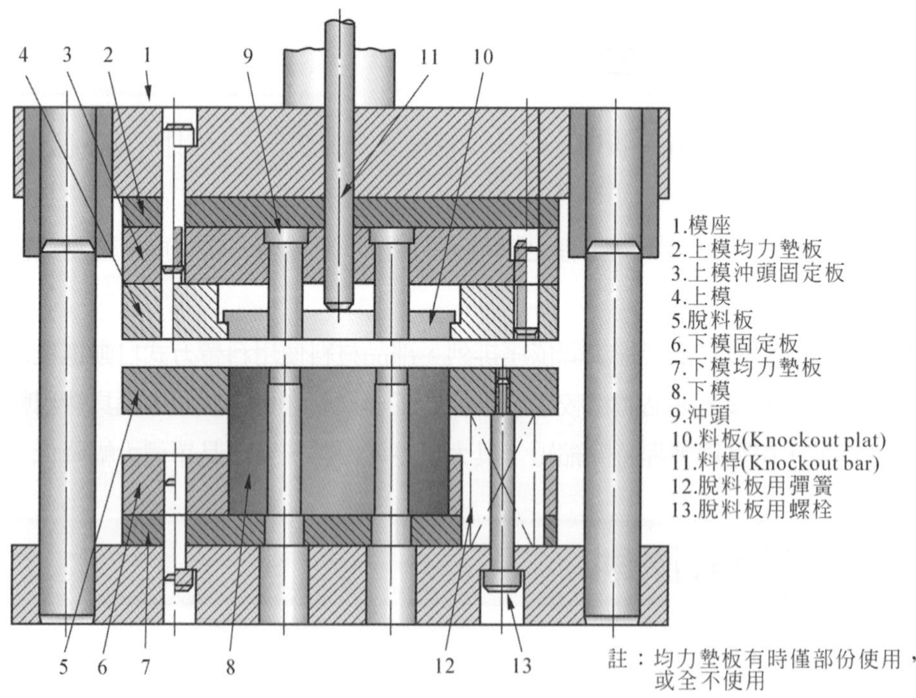

圖 2-2　複合模之構造

2.4 以功能區分沖模之種類

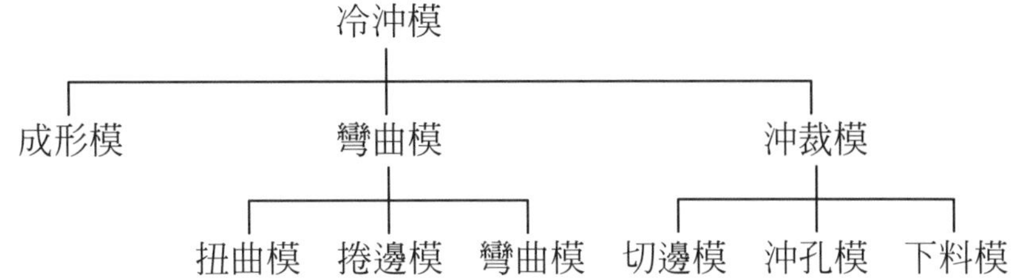

2.4.1 沖裁模之特點

一、下料模：沿封閉的輪廓將材料與零件分離，沖切下來的部份爲製品零件。

二、沖孔模：沿封閉的輪廓將材料與廢品分離，沖切下來的部份爲廢料。

三、切邊模：將製品多餘的邊緣切掉。

四、切口模：沿敞開的輪廓將製品沖出缺口，但不完全分離。

五、整修模：切除沖裁製品的粗糙邊緣，獲得光潔垂直的零件斷面。

加工名稱	加工前	加工後
(1) 下料 (Shearing)	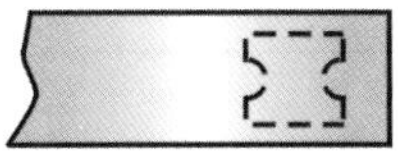	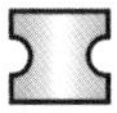
(2) 沖孔 (Piercing)	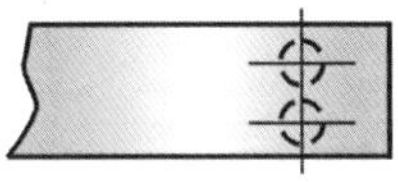	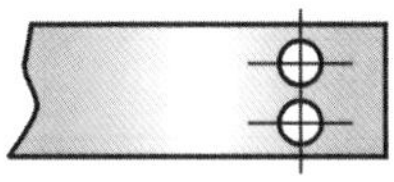
(3) 切邊 (Trimming)	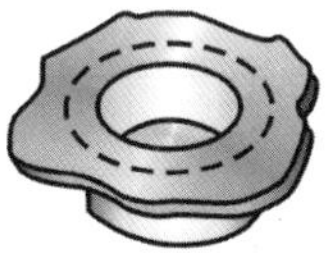	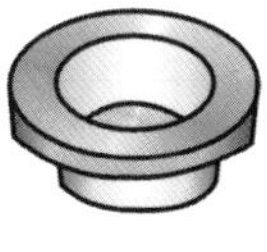
(4) 切口 (Notching)	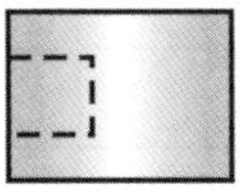	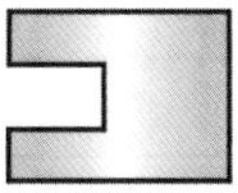
(5) 整修 (Shaving)	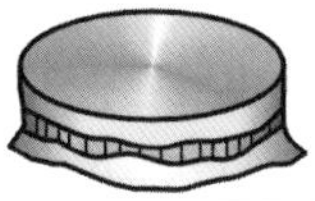	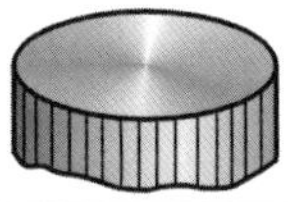

2.4.2 剪切加工原理

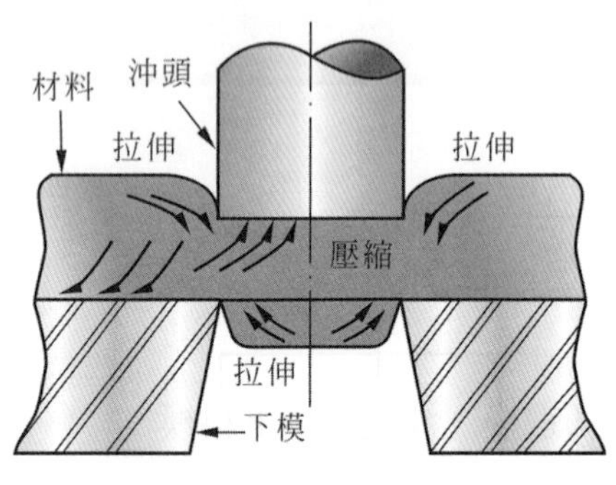

圖 2-3 剪切擠壓狀況

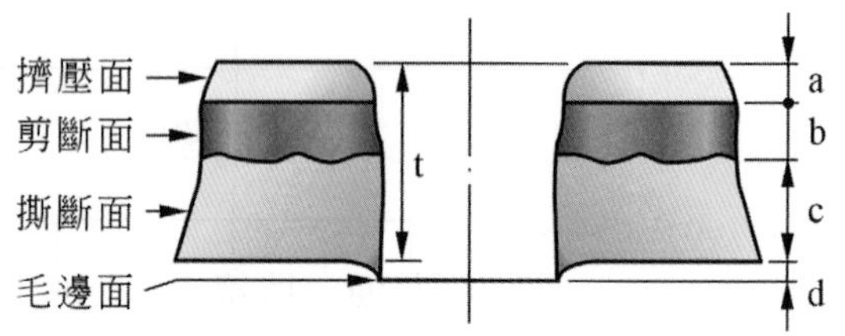

圖 2-4 材料剪切斷面各部名稱

2.4.3 剪切沖實間隙計算

"模穴尺寸決定料片的尺寸，沖頭尺寸決定孔的尺寸"

材料		當料片厚 t < 0.2mm(%) 精細下料、沖頭間隙	當料片厚 t = 0.3 ~ 4mm(%) 一般下料、沖頭間隙
純鐵		4～8	5～10
軟鋼		5～10	6～12
高碳鋼		5～12	7～14
矽鋼片	T 級	6～12	7～14
	B 級	5～100	6～12
不銹鋼		5～10	7～12
紅銅		3～6	5～12
黃銅		3～7	5～14
磷青銅		4～8	6～12
洋白		4～8	6～12
鋁		3～6	5～12
鋁合金		4～8	6～14
鋅		3～6	5～8
鉛		3～6	5～8

範例：沖製軟鋼材質之圓形片，t = 0.8mm 製品直徑爲 $35^{+0}_{-0.05}$ mm，求下模穴尺寸？

解答：製品尺寸採雙向公差，其標準尺寸爲 34.975 ±0.025mm

最小沖頭間隙為 $0.8 \times 6\% = 0.048\text{mm}$

最大沖頭間隙為 $0.8 \times 12\% = 0.096\text{mm}$

$$\text{沖頭間隙之平均值} = \frac{0.096 - 0.048}{2} = 0.024 < 0.025\ \text{mm}$$

下模穴尺寸 ＝ 製品平均直徑 ＋ 採用沖頭間隙，平均值為為正公差

$= 34.975\,^{+0.024}_{-0}\ \text{mm}$

沖頭尺寸 ＝(製品平均直徑 － 最小沖頭間隙) ＋ 採用沖頭間隙，平均值為負公差

$= (34.975 - 0.048)\,^{+0}_{-0.024}\ \text{mm}$

$= 34.927\,^{+0}_{-0.024}\ \text{mm}$

2.4.4 剪切加工之限制

製品上的孔邊與料條邊的距離如果太近，或製品上有角孔，其角隅半徑太小時，不但剪斷加工所產生的剪斷面不合理想，而且由於沖模受劇烈磨耗之緣故，沖模壽命就會顯著地降低，甚至發生破裂現象，如圖 2-5 為剪斷加工各種情況之界限值。

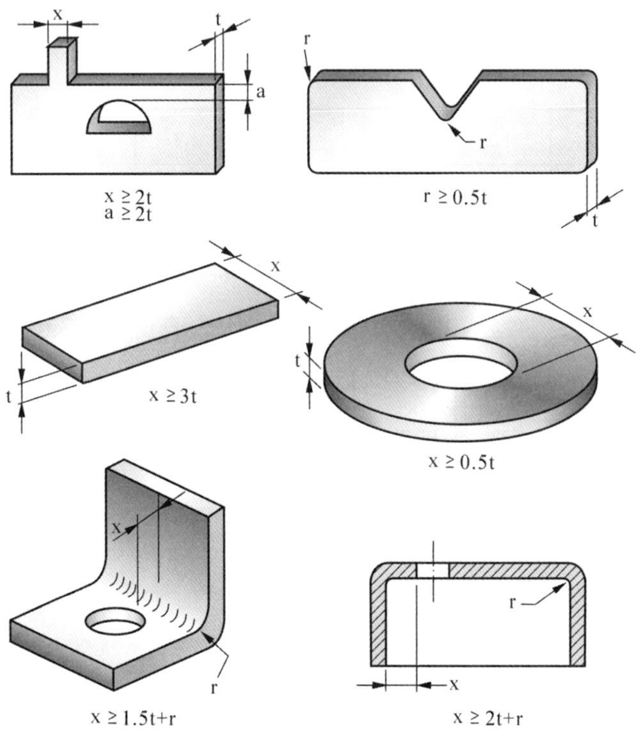

圖 2-5

2.4.5 折彎件展開長度之計算

一、概算法：

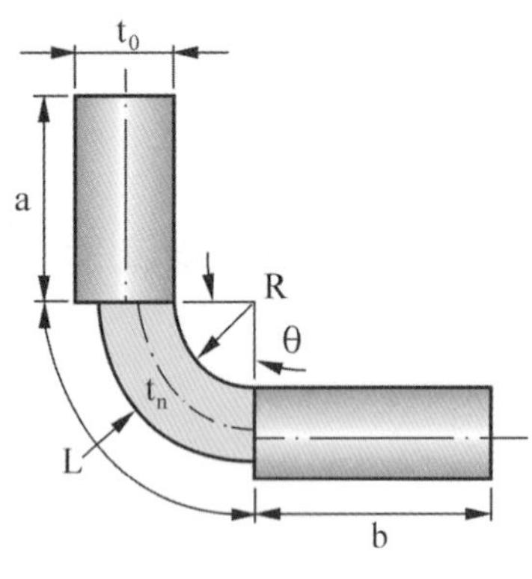

圖 2-6

假定彎形部份的材料沒有變薄，則 $t_n = t_0$

$$L = a + b + \frac{2\pi\theta}{360°}(R + \lambda t_n)$$

折彎形式	R/t_0	λ
V 彎形	0.5 以下 0.5～1.5 1.5～3.0 3～5 5 以上	0.2 0.3 0.33 0.4 0.5
U 彎形	0.5 以下 0.5～1.5 1.2～5.0 5 以上	0.25～0.3 0.33 0.4 0.5

二、外側尺寸法：

n = 製品邊數　C = 補正係數　L = 展開長度

$$L = (\ell_1 + \ell_2 + \cdots\cdots + \ell_n) - [(n-1)C]$$

板厚 t	1.0	1.2	1.6	2.0	2.3	3.2
補正係數 C	1.5	1.8	2.5	3.0	3.5	5.0

範例：如圖示之製品，料厚 2mm，90°彎角，求展開長度？

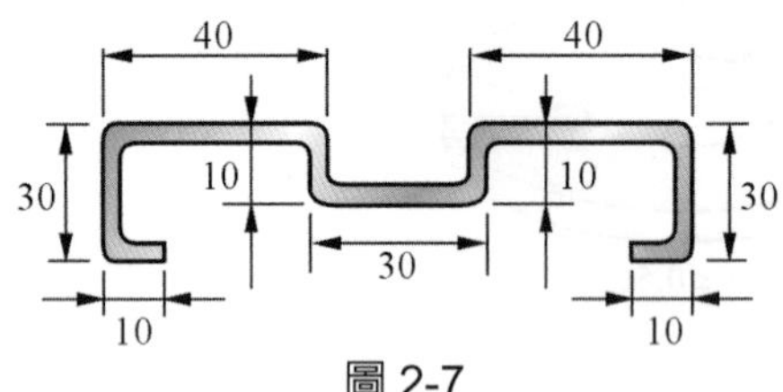

圖 2-7

解答：由上表查得 C = 3.0，而 n = 9

L = (10 + 30 + 40 + 10 + 30 + 10 + 40 + 30 + 10) – [(9 – 1)3]

= 186mm

2.5 彎形加工

加工於金屬平板，使其在一平面上彎曲成所需要的角度，其彎曲線為直線，此加工工程謂之彎形(折彎成形)。

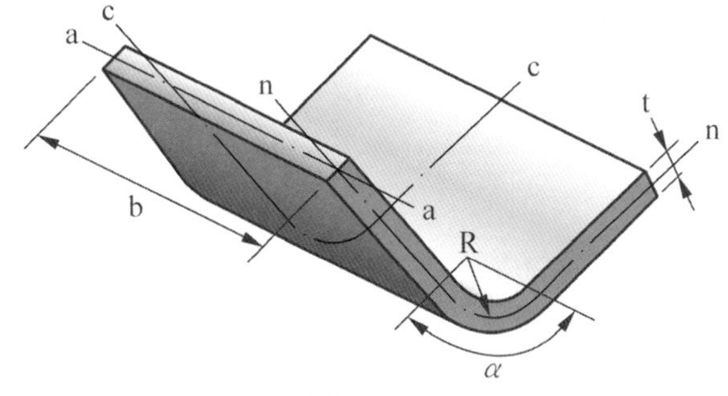

t = 板厚
b = 板寬
R = 彎形半徑
a – a = 彎形軸
n – n = 中立線
c – c = 彎形線

圖 2-8

一、彎形乃由力矩產生，力矩使平板彎曲，部份的外側遭受拉力，內側遭受壓力而平板之中心必然有既不受拉力也不遭壓力的面存在，這個面叫做“中立面”。

二、彎形加工中外界力矩，使平板內外側受到之拉伸及壓縮應力皆超過材料的降伏應力，產生“永久彎形”。

三、當外界力矩除去後，材料內部發生彈性作用，使應變不能保持，而稍有減少，稱為“彈回”(回彈)現象。

四、影響彎形彈回角之因素：

(1) 材料厚度的精度與平面度：板厚不均或平面度不良，則彈回角愈大，較薄之板愈形顯著。

(2) R/t (折彎半徑/料厚)之值愈大，則彈回角愈大。

(3) 彎形下模的肩寬愈小，則彈回角愈大。

(4) 彎形壓力愈大，則彈回角愈小。

(5) 彎形加工速度愈快，則彈回角愈大。

(6) 材料的屈伏點愈高，彈性模數愈小，回彈愈大

(7) V 形工件之回彈程度比 U 形工件較小。

2.6 成形加工

加力於金屬、平板使其局部或全部變形，其彎形部份成曲面，材料中間部分有相互拉長及壓縮的現象，叫做成形，此加工方法叫做成形加工法。

2.7 常見的不良成形現象

一、引張波形：

引張成形時邊緣中產生拉應力，成形後邊緣會拉成波形。

二、引張破裂：

膨脹成形時，h/R 之值過大，邊緣上的材料就會遭受過大的拉伸應力，而發生幾處破裂現象。

三、破裂：

壓縮成形時，邊緣上所遭受的壓縮應力過大，遭致材料破裂可減少 h/R 值改善此現象。

四、隆突：

在 h/R 值大，而且 h/t 值小時，材料所受的壓力不夠，而造成隆突形狀，h ＝ 邊緣高度，R＝ 邊緣半徑。

五、彈回現象(Spring back)：

此現象與材料特性及成形形狀有關，可改善沖模設計外，或施行第二次加熱成形。

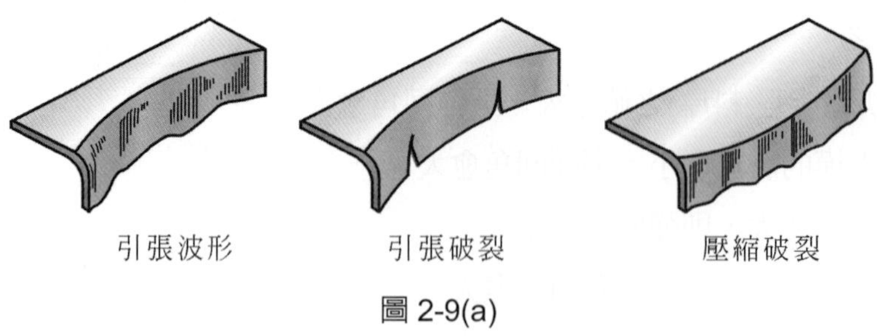

圖 2-9(a)

改善方法：

a. 增加逆壓力墊的方式，讓工件有預壓之壓料產生。

b. 增加補強肋之方式。

c. 採取強制矯正彎曲部位(壓線)。

六、端面傾斜：

成形時，材料內、外面受到不均等的拉伸或壓縮，致使製品的自由端面傾斜，尤以 h/R 値大時爲甚。

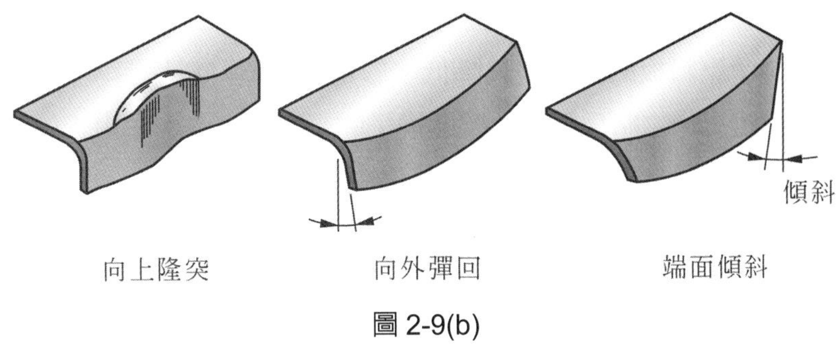

圖 2-9(b)

2.8 引伸加工(Drawing Process)

將平板料片放置於引伸沖模中，沖壓成筒狀之製品，此種形狀的變化過程謂之引伸，此加工方法，稱爲引伸加工。

一、在引伸加工過程中，材料受到的力計有引伸力、壓縮力、彎曲力及摩擦力。

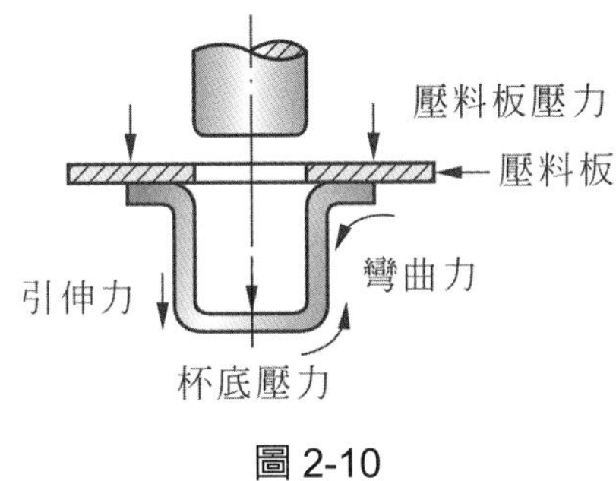

圖 2-10

二、在引伸較薄且直徑較大的料片時，料片會發生皺紋，必須藉由“壓料板”壓制，壓料板乃由彈簧力支撐。

三、在引伸加工時，下模半徑(R_d)之値乃採用前一次引伸加工中，下模半徑之 60～80%，即 $R_{d(n)} = (0.6\sim0.8)R_{d(n-1)}$。

四、引伸加工時，若速度太快易使製品破裂，一般向下引伸速度爲 0.05～0.2 m/sec。

五、引伸加工中平坦的沖頭底面與料片之間會形成眞空，而產生眞空壓力，此壓力使圓筒不易從沖頭上剝下來，因此沖頭底面須鑽製一氣孔，消除眞空壓力。

六、施行引伸加工，爲減少壓料板造成之摩擦力，常使用模穴充水引伸法(Aquadraw process)，其製法如下：

先使模穴充水，並將料片覆於模上，壓料板下降使料片封住穴中之水，當沖頭開始使料片變形時，壓料板的壓力略爲降低，於是水被迫自料片與模壁之間溢至模面，模中產生高壓將工作物略爲頂起，離開模子的平面，容許水逸出，如下圖 2-11，工作物浮於高壓水薄膜之上，因此引伸過程中之摩擦力大爲減少。

限制條件：

(1) 料片封閉在下模上形成封閉的模穴，因此下模中不能有任何貫穿孔。

(2) 製品必須具有凸緣。

(3) 沖頭在水壓中有支持料片的作用，如果沖頭底部形狀特殊，料片在未與沖頭接觸的部份材料會不能作正確的變形。

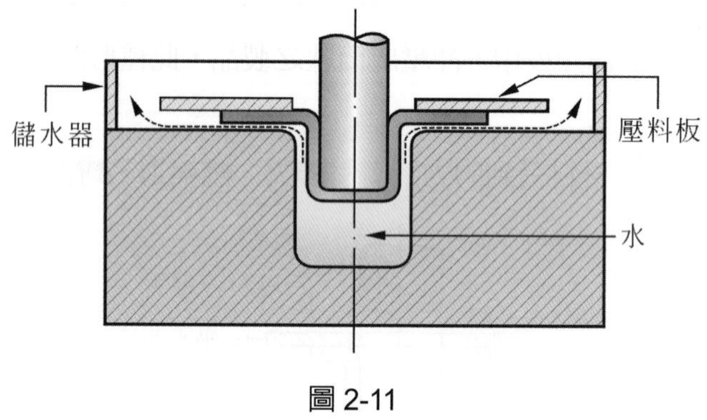

圖 2-11

2.9 連續沖模

乃根據自動化設計，將兩組以上的單獨工程沖模以數學計算方法將依序排列在各工程站中，而成爲一個整體沖模。

自動化設計：安排各單獨加工工程次序，使料條順利而正確地通過沖模，並考慮加工故障的排除及沖模安全措施等設計。

2.9.1 連續沖模的優點與限制

優點：

a. 適應大量生產的需求。

b. 適合優良品質的要求。

c. 具有經濟性。

d. 具有加工技術性。

e. 緩和引伸加工中的加工硬化。

f. 具有操作安全性。

限制：

a. 產品數量之考慮：

因模具費高昂對於產品數量少於產品經濟轉捩點，不宜使用。

b. 產品形狀之限制：

大型深引伸的沖壓製品不適宜使用。

一、連續沖模各工程之進行有賴料條之傳遞，料條上具有橋帶及邊繫帶連繫各工程站上半成品的橋帶及邊繫帶，作爲傳遞之用橋帶位於料條的中間部份，而邊繫帶位於料條的兩邊。

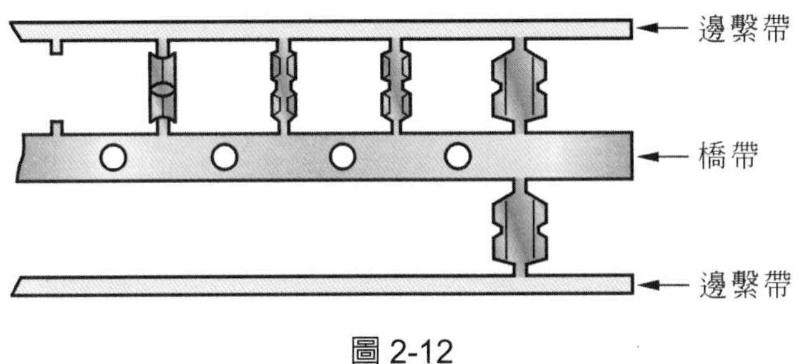

圖 2-12

二、利用導引沖頭在各沖頭進行加工前糾正送料機之送料誤差，導引方式有圓孔導引，缺槽導引，剪料條邊導引及沖孔。

三、連續沖模引伸加工中，四周的材料要向中央流動使平板變成筒體，其沖模之設計一面要顧及料條的橋帶或邊繫帶的功用，一面也要考慮引伸中材料的流動，遂有沖孔形及切裂痕的工程設計。

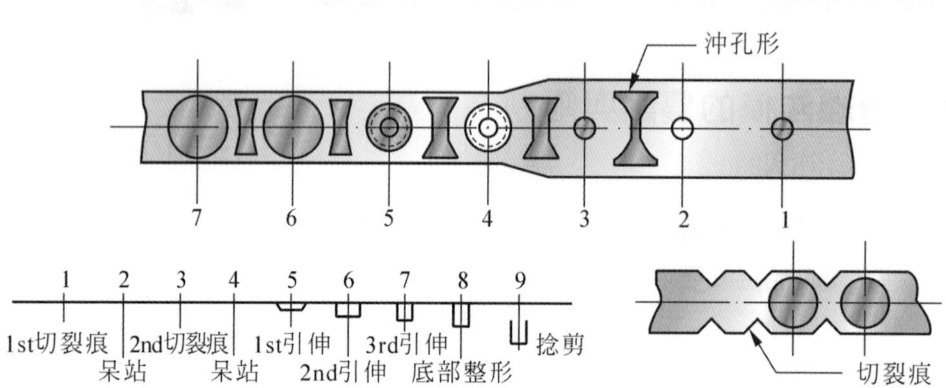
沖孔形
7
6
5
4
3
2
1
1
2
3
4
5
6
7
8
9
1st切裂痕
2nd切裂痕
1st引伸
3rd引伸
捻剪
呆站
呆站
2nd引伸
底部整形
切裂痕

圖 2-13

Chapter 3

基本結構設計

3.1 兩件塑膠件搭接固定方式

一、超音波融合。

二、雙面背膠沾合。

三、熱熔柱融合。

四、局部卡勾固定。

五、鎖付螺絲固定。

六、植(埋)入射出(Moding)。

七、雙色成型(Double Injection)。

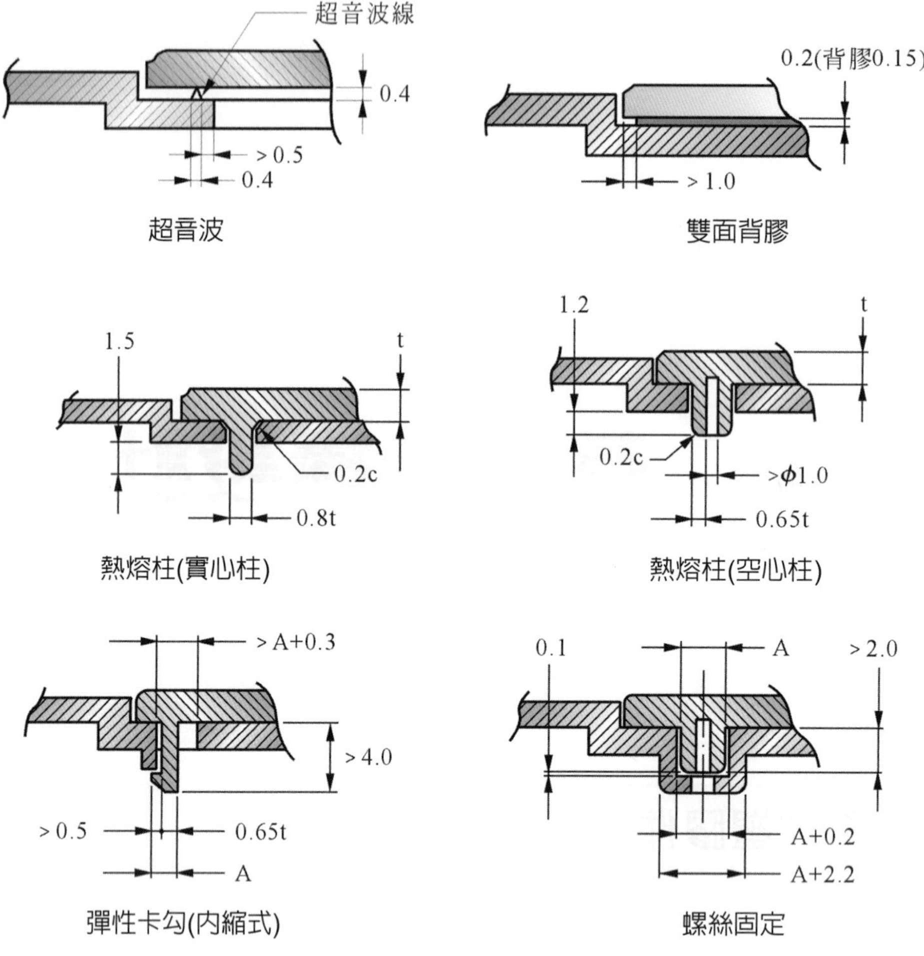

圖 3-1

3.1.1 超音波融合

一、超音波熔接原理：

超音波經由特殊硬化之銲頭(Horn)，將振動能量傳至熔接物，熔接物又將振動能傳至塑膠，兩者產生每秒 20,000 次的高速摩擦，瞬間將如圖示之超音波線熔化，進而兩者熔接在一起。

二、超音波溶接機，其頻率超過 20kHz 以上的音波頻率，人耳不易察知，一般之熔接機其頻率約爲 15kHz，可爲人感官察知。

三、作超音波熔接，應確保銲頭與下模治具(鋁製)平行度一致，否則容易造成熔接不良，部品易脫落。

四、銲頭下壓行程應保持適當距離，太小則物件熔接不牢靠，太大則會造成溢膠現象。

五、對於必需保持水密、氣密之組件熔接，必需考慮組件材質，並且其超音波線之設計，必須是環繞物件全周之封閉線。

3.1.2 雙面背膠沾合

一、一般常用雙面背膠之規格，爲厚度 0.15，0.1，0.05 等三種，普通使用品牌以 SONY T4000 居多。

二、物件應設計凹(陷)位，以規範雙面背膠貼合位置。

三、兩物件如爲曲面配合(曲率較大)，勿設計全面背膠，易使背膠因曲面貼合，產生皺折處，厚度增高，造成兩物件貼合不密，應設計分段貼背膠，並且內縮物件外緣至 1mm 以上。

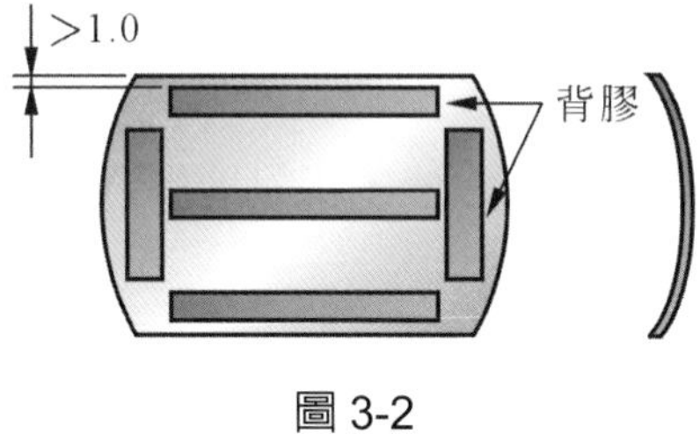

圖 3-2

四、背膠沾合之信賴性測試規格，爲恆溫 80°C，72 小時物件不得浮翹。

3.1.3 熱熔柱融合

一、爲達到結合強度，熱柱經熱熔頭加溫加壓變形後，必須呈香菇形狀，且兩物件必須被預先壓制，如圖示。

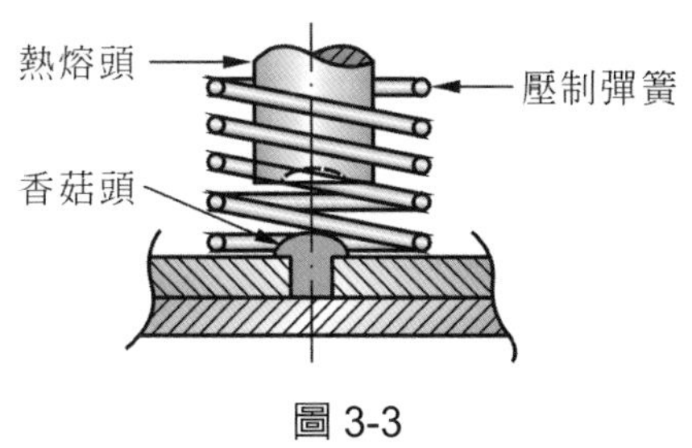

圖 3-3

二、固定物件治具應力求穩固，爲顧及不傷到物件表面，其材質選擇以矽膠居多。

三、所謂熱熔，係利用加熱器(Heater)導熱於熱熔頭(銅製)，再使物件之熱柱軟化鉚合，亦有不使用加熱器之所謂"冷鉚合"，其鉚合形狀亦爲"香菇頭"。

3.1.4 局部卡勾固定

一、卡勾位置設計應力求平均分佈，以物件不產生浮翹爲原則。

二、卡勾之模具設計儘可能採取內縮式，防止物件崁入時，卡勾刮傷固定件之表面噴漆層，如圖 3-4、3-5 所示。

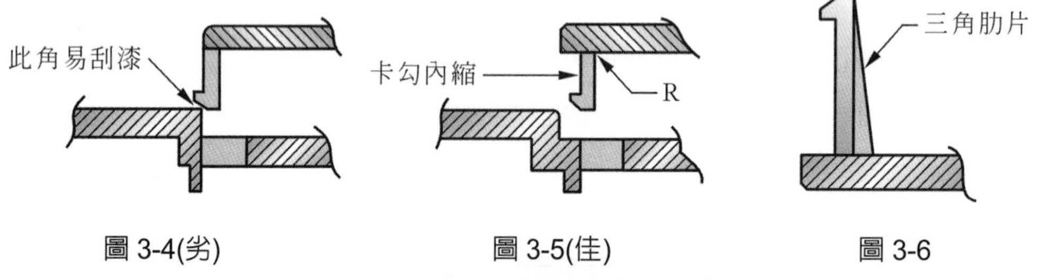

圖 3-4(劣)　圖 3-5(佳)　圖 3-6

三、卡勾肋片，如果長度過長，彈性變佳，相對地扣合力變差，因此必須追加三角垂直肋片補強如圖 3-6。

四、卡勾之根部通常爲直角，爲應力集中處，卡勾易受力折斷，尤以電鍍件爲甚，儘可能於根部追加小 R 角如圖 3-5。

五、假使卡勾之長度必須被設計得很長，相對地物件組裝時，卡勾之崁合變形長度，亦會加長，很容易造成因塑性變性而減少卡勾扣合量，其改良方法如圖 3-7。

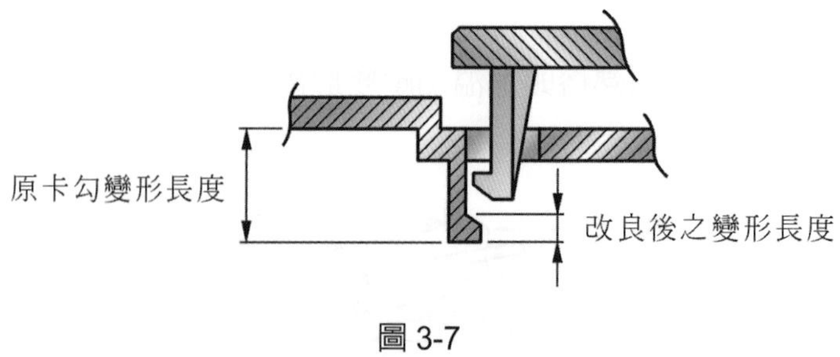

圖 3-7

3.1.5 鎖付螺絲固定

一、此爲最隱定之固定方法，其缺點爲內部需要足夠空間，以避空螺絲頭。

二、鎖付螺絲，位置亦力求平均分佈，螺絲頭形建議使用厚度較薄之“T”字形頭螺絲。

3.1.6 植(埋)入射出(Moding)

一、此方法適用於不噴漆件，且兩件材質須具有融合性。

二、被植入工件置於模穴時，需有穩固之定位，防止關模動作夾損工件，銅釘植入塑殼射出最常被運用。

3.1.7 雙色成形(Double Injection)

一、此方法模具成本較高，約爲 2.5～3 倍，成形機爲雙(色)料管，有臥式及直立式二種，成形費用亦較一般爲高。

二、適用於材質表面不噴漆件。電腦鍵盤“UT”油墨(附著度佳)印刷未盛行前，雙色成型應用於鍵盤之 KEYCAP 很廣泛。

三、作雙色成形之成品設計，必須事先與模具廠作充分討論，如首模(First Color)之定位、及兩者如何作結構崁合等，以達事半功倍之效。

四、工件作配色處理，盡量原料作預染方式(Pre-Color)，切勿使用色粉添加於料攪拌方式，易形成染色不均勻，且有色差之虞。

3.2 滑動式推鍵之設計

設計值參考如下：

C(槽孔) = A(鍵軸套) + B(Switch 行程) + 0.4(兩側間隙)

D(鍵長) = C(槽孔) + B(Switch 行程) + 1.0(兩側遮孔)

E(槽長) = D(鍵長) + B(Switch 行程) + 0.4(兩側間隙)

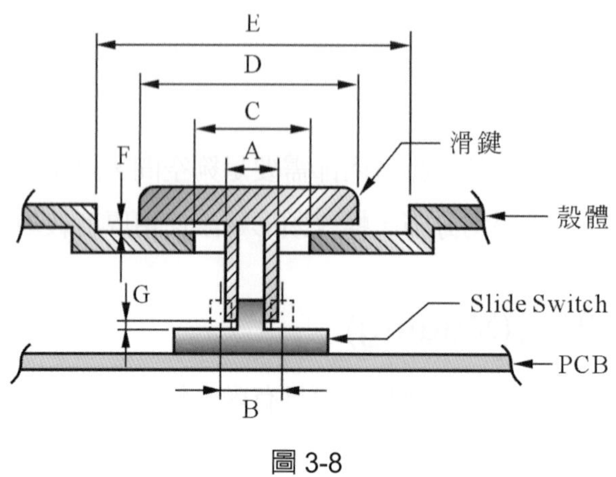

圖 3-8

3.2.1 外部組裝方式

圖示為按鍵從外部組裝方式，必須等殼體組立全部完成，將 Switch 撥至單側再將滑動鍵之軸套對準，Switch 之柄套入，利用側向卡勾方式與殼體固定，卡勾設計重點如下：

一、必須設計於按鍵長方向之兩側，如圖 3-8 所示。

二、卡勾之寬度盡量勿大於，圖示“A”值，否則會更動 C.D.E 尺寸。

三、如按鍵寬度受限，為保持卡勾之彈性，則卡勾位置必須移位，或軸套改為非封閉式，如圖 3-9

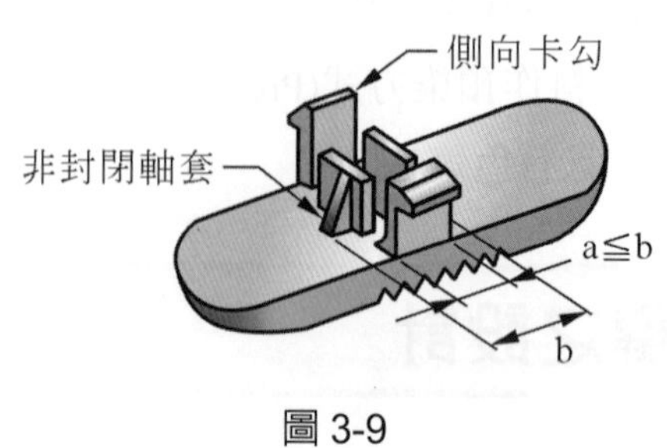

圖 3-9

四、圖 3-8 示“F”值為防止刮漆肋之設計高度一般之設計值為 0.15～0.3mm，按鍵長度愈長，滑動時愈容易變形，“F”值可以設計得較高，防刮漆肋建議設計位置如圖示，重點為滑鍵作動時不可外露。

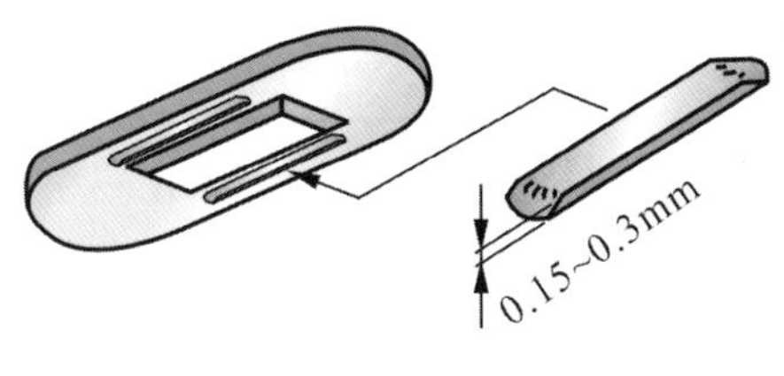

圖 3-10

五、圖 3-8 示“G”值爲軸套與 Switch 保持之間隙，以按鍵滑動時，軸套端面不干涉 Switch 爲原則，建議設計值，G ≥ 0.5mm。

六、爲防止按鍵滑動部位，殼體強度太脆弱，按鍵作動時殼體下陷，造成按鍵與 Switch 干涉，滑動阻力加大，建議殼體內部如圖 3-11，追加肋片頂住 PCB 板面。

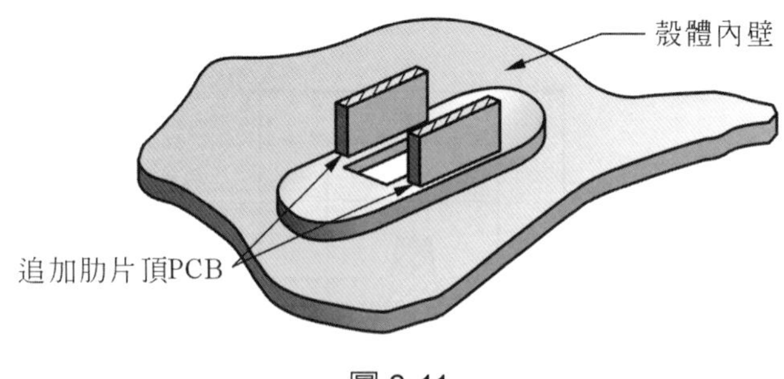

圖 3-11

七、考慮卡勾之彈性，其高度應適度加長，建議設計值如圖 3-12，當按鍵組裝，卡勾產生變形扣入時，應力集中於卡勾根部銳角處容易折斷，應於根部銳角處，追加小 R 角。

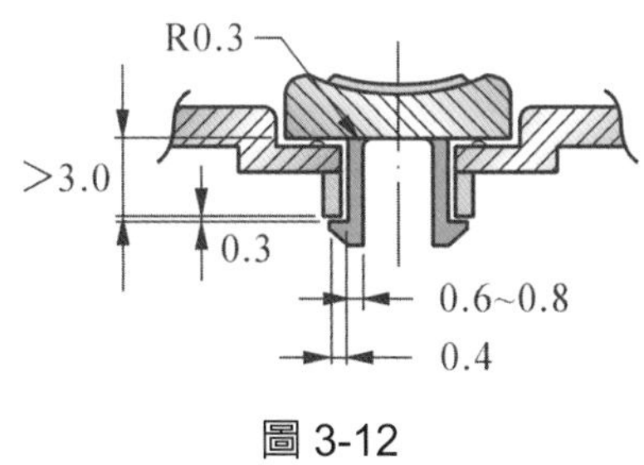

圖 3-12

八、爲保持兩側卡勾之組裝彈性，卡勾之彈性臂應與撥動 Switch 結構保持適當間隙如圖 3-13。

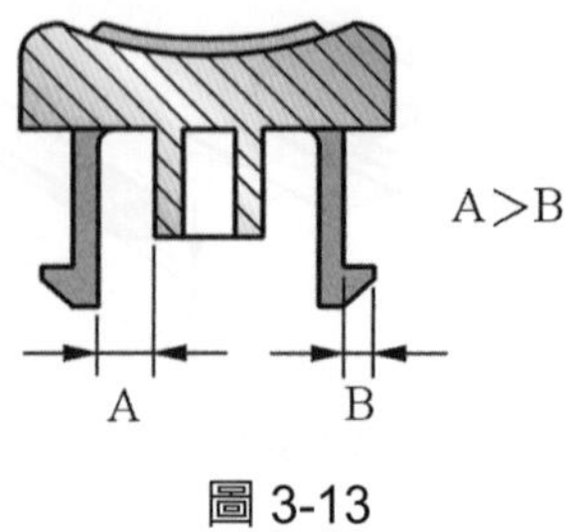

圖 3-13

3.2.2 內部組裝方式

如圖 3-14 所示，先將滑鍵組裝於 Switch 上，再將主殼體套上，此設計方式較不能表現滑鍵外觀特色，且需要較大之內部空間是其缺點。

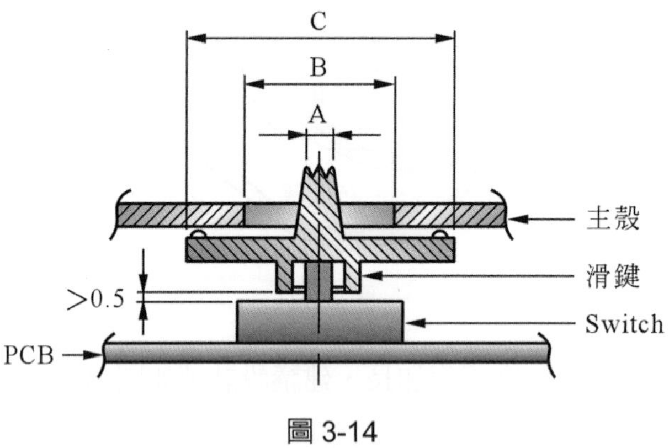

圖 3-14

B(槽孔) = A(鍵柄) + Switch 行程 + 0.4 (兩側間隙)

C(鍵長) = B(槽孔) + Switch 行程 + 2.0(兩側遮蔽長)

3.3 直壓式(Push)按鍵之設計

3.3.1 懸臂式

係由按鍵本體原生彈性臂，熱熔或螺絲鎖付於殼體上，如圖 3-15 示。

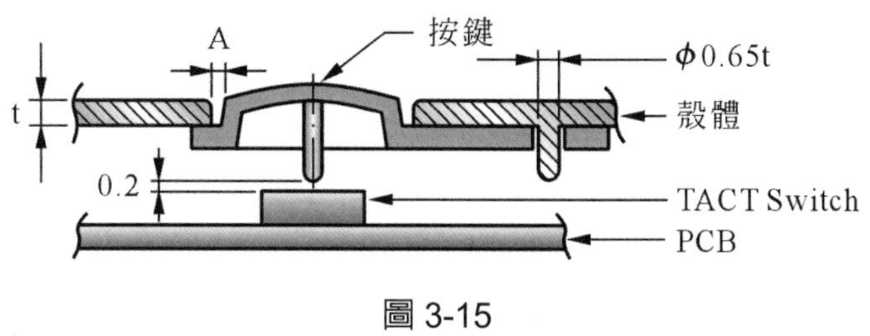

圖 3-15

一、彈性臂之設計須視實際運用空間而定，彈性太軟或太硬皆爲不良設計。

(1) 彈性太軟之缺點：

a. 成形頂出易變形。

b. 按鍵組裝後易下陷。

c. 施力後易塑性變形。

(2) 彈性臂太硬之缺點：

a. 施力大，手感差，一般定爲 300～500g。

b. 感覺不到 Switch 本體之觸感。

(3) 影響彈性臂彈性之因素：

a. 彈性臂之斷面積，一般以扁平狀爲最佳如圖 3-16。

b. 施力點至熱熔(鎖付)點之距離；彈性臂爲直線設計。

c. 彈性臂之全長，彈性臂因空間限制，而作繞彎設計。

二、兩個按鍵以上設計爲同一件，其彈性臂必須利用熱熔(鎖付)點加以阻絕，防止按鍵連動(按一個，動兩個)，如圖 3-17 示。

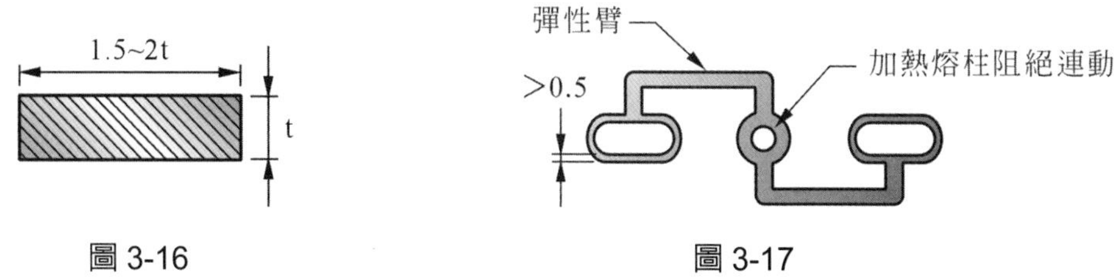

圖 3-16　　圖 3-17

三、按鍵與殼體配合間隙，須視兩者之後加工處理而定經驗值建議如下：

	後加工處理	間隙 A 值
1.	染色 + 染色	0.15mm
2.	噴漆 + 噴漆	0.2mm
3.	電鍍 + 噴漆	0.25mm
4.	電鍍 + 電鍍	0.25mm

四、按鍵固定方式如設計爲熱熔，其熱熔柱，即爲定位柱，必須被設計爲二支以上，且距離相距愈遠愈佳，其配合間隙預留單邊 ≤ 0.05mm。

五、熱熔柱固定方式常有應力存在，會造成按鍵靜態狀況稍有下陷現象，常利用如圖示 3-18，熱熔柱加肋以頂高按鍵，保持與殼體常爲密合狀態。

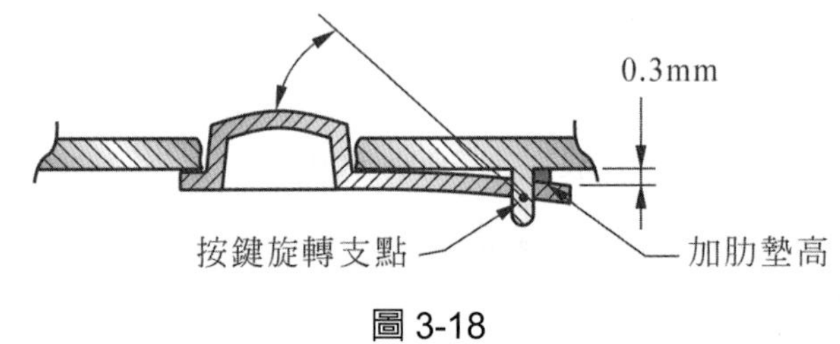

圖 3-18

六、按鍵作動係以支點爲中心，受力旋轉下壓，因此按鍵之外觀面(母模)脫模角儘可能加大，防止下壓作動干涉卡鍵。

七、按鍵觸動 Switch 之導性，爲要求從不同位置施力手感一致，其末端以設計成半球狀爲最佳。

八、按鍵外觀面如被要求雕刻功能符號字樣，以設計凹字爲佳，字深度 0.15～0.2mm 爲宜。

3.3.2 彈簧式

※ **優點：**

a. 按鍵不會有塑性變形、塌陷之虞。

b. 手感較懸臂式爲佳。

c. 部件刮損，重工容易。

d. 允許較大之空行程設計。

※　**缺點：**

a.　垂直(Z 軸)方向需要較大之設計空間。

b.　只限於單件按鍵之設計。

c.　成本較懸臂式高，包括模具及部品費用。

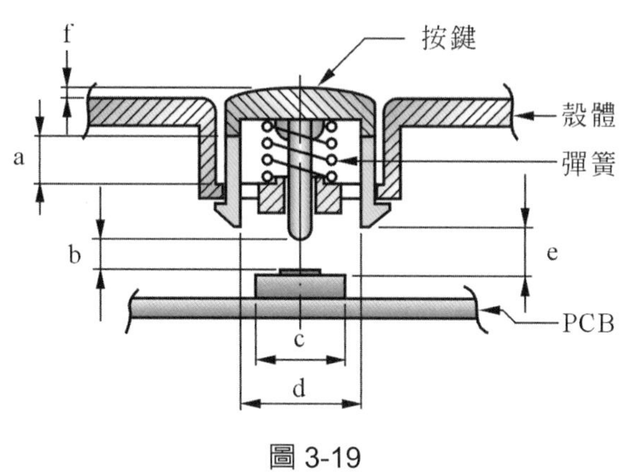

圖 3-19

b(空行程) + Switch 行程 ＜a(按鍵行程)，

若 e 值 ＜b 值，則 d 值必須 ≥c + 1mm(兩側間隙)

一、按鍵靜態狀況，高於殼體距離 f 值，必須小於 b 值空行程，防止落下測試，按鍵直接撞擊 Switch 致損壞產品。

二、殼體底座應配合壓縮彈簧內徑，設計一圓形凸台，防止彈簧位移，按鍵作動時，被導柱夾死，其高度略大於彈簧線徑。

三、壓縮彈簧之設計，其線徑以 0.1～0.15mm 爲佳，繞圈數必須大於 3 圈以上，上下兩端作平端彈簧設計，材質選擇則以琴鋼線或不銹鋼線爲佳。

四、按鍵觸動導柱，因考慮按鍵行程，其補強肋必須做得很低(除非空間允許導柱做成十字形配合)，導柱會變得脆弱，因此導柱可以考慮設計成空心柱。

五、觸動導柱與底座孔配合，其配合間隙不宜過大，單側 0.05mm 即可，其配合深度，愈長愈形穩固。

六、若按鍵之施力面積較大，爲求按鍵保持平穩狀態，建議頂按鍵底面之壓縮彈簧作圓錐狀設計如圖 3-20 示。

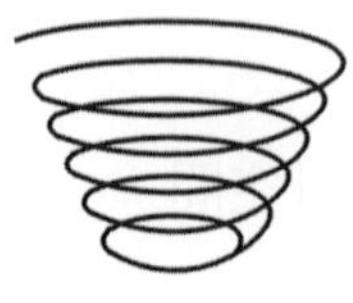

圖 3-20

3.4 結構性卡勾之設計

卡勾之使用時機與限制：

一、兩部品結合後，仍具活動性，如滑動鍵，電池蓋……等。

二、彌補主殼螺絲鎖付後，強度之不足。

三、使產品組裝更具方便性，降低工時。

四、適用於可更換外觀飾片之固定設計。

3.4.1 主殼卡勾之基本形式

一、傳統式(3 層膠厚)：

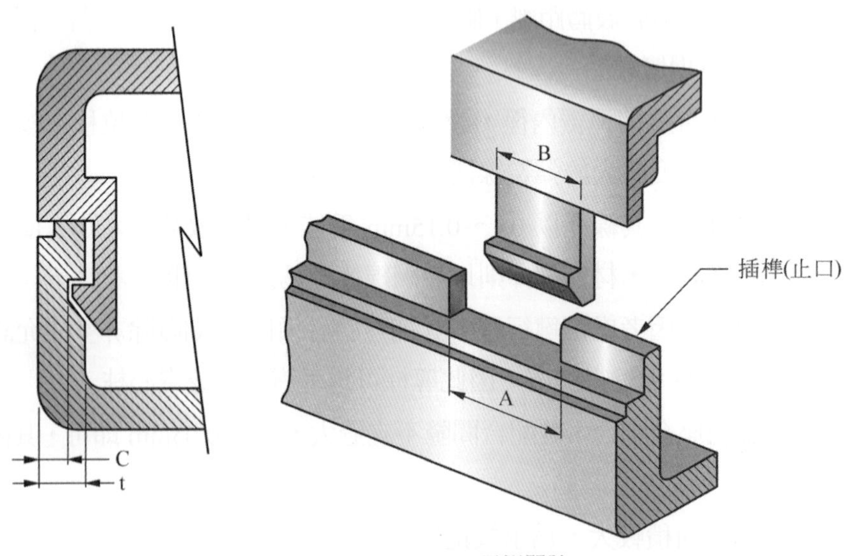

A=B+4mm(兩側間隙)
C≧0.65t，否則易造成膠厚落差印痕

圖 3-21

(1) 此卡勾設計，卡勾扣孔與插榫必須計計在同一件部品上。

(2) 卡勾與扣孔之配合，寬度方向單側間隙，至少保持 0.3mm 爲宜。

(3) 如圖示 A = B + 4mm，意即單側保持 2mm 間隙，其用意爲當卡勾崁入時，下殼會微變形，其插榫同時也要插入上殼，爲了兩者動作不衝突，因此插榫避空寬度，必須適當加寬。

(4) 如圖示平均肉厚 t 值如大小無法設計成 3 層肉厚，卡勾處勢必膠厚太厚造成外觀縮水，因此爲防止縮水，其對策有二：

   a. 卡勾底部模具跑斜銷偷膠。

   b. 卡勾設計成肋片式如圖 3-22 示。

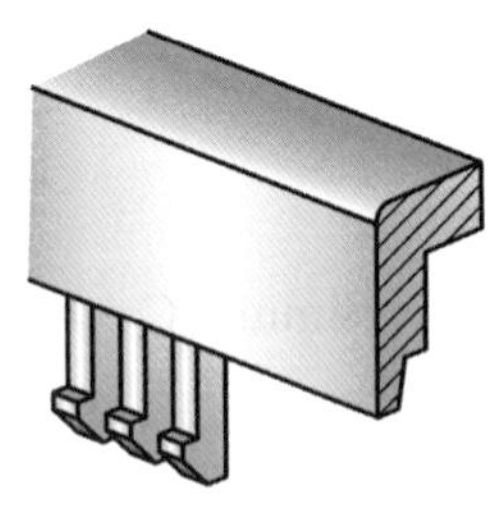

圖 3-22

二、肋(筋)片式(2 層膠厚)：

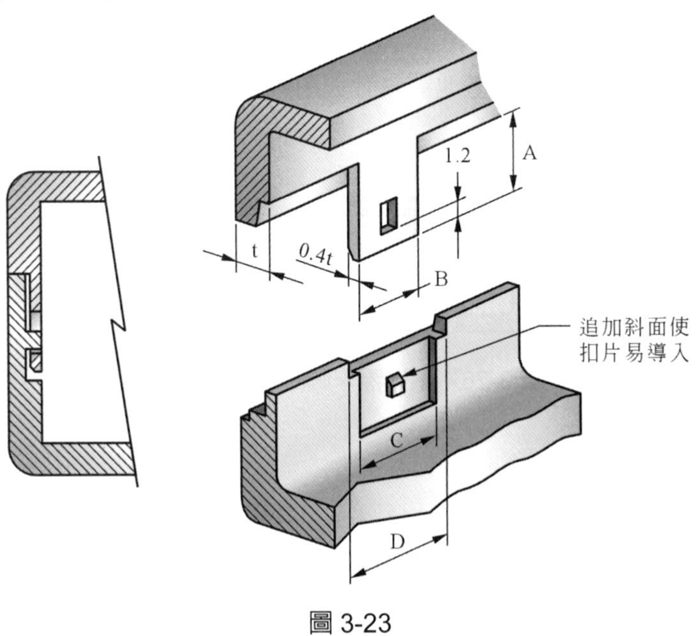

圖 3-23

(1) 肋片式卡勾主要應用於使用空間受到限制，圖示肋片厚度建議值 0.4t，一般設計爲 1.0mm 以上，較易飽膠，其肋片之彈性並取決於 A 及 B 值，倘事後發現肋片彈性太好，其對策建議如下：

a. 肋片厚度往內側加厚。

b. 如內側尚有空間，則肋片可加肋補強，如圖 3-24。

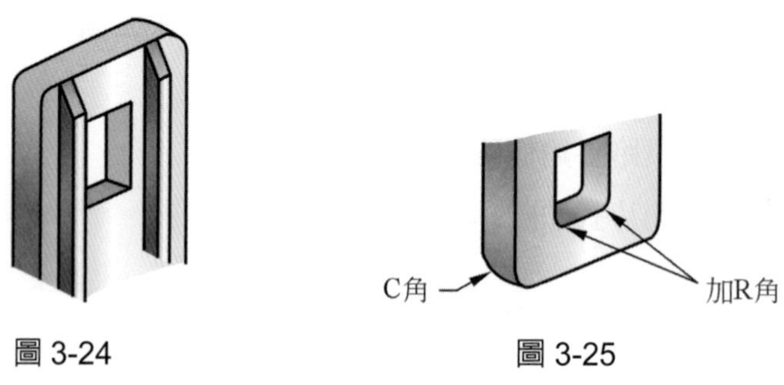

圖 3-24　　圖 3-25

(2) 圖 3-23 示 D 值之建議值 = C + 4mm，C = B + 0.6mm。

(3) 如圖 3-25 示之肋片扣孔，儘可能底部倒 R 角，防止銳角應力集中，及接合紋因受力造成扣孔破裂，如空間許可，可將扣孔設計成盲孔，封膠至少 0.3mm，扣片會更加強壯。

三、彈性體卡勾：

如圖示結構體上殼斜插組裝入扣，另一端則利用螺絲固定或設計一彈性耳，此結構在消費性電子產品方面，以電池蓋設計運用最多。

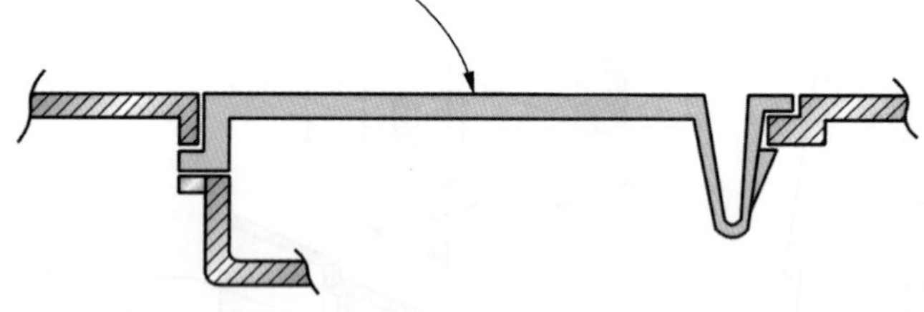

圖 3-26　電池蓋末端設計為硬卡勾

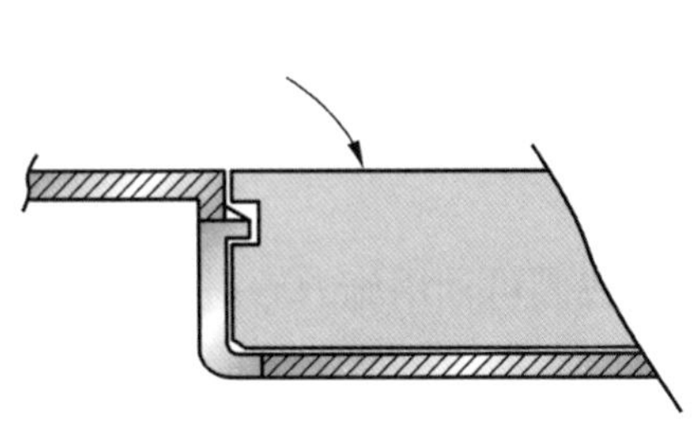
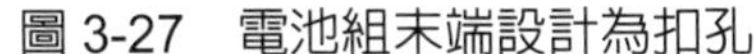

圖 3-27　電池組末端設計為扣孔

圖 3-28　前端彈性耳結構

3.4.2　滑動卡勾應用實例

一、電池蓋：

(1) 內崁式：

所謂內崁式就是電池蓋內崁主殼內，電池蓋由一側滑入兩側卡勾防止上下方向(Z 軸)，由電池蓋前緣卡勾，滑入扣住主殼防止滑入方向(Y 軸)脫落。

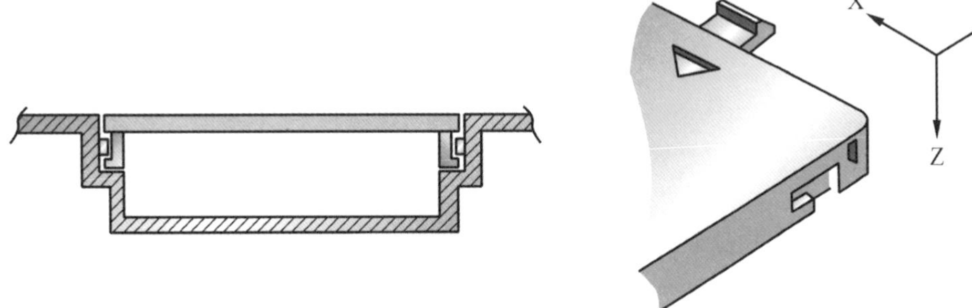

圖 3-29

※　**設計重點**

a. 電池蓋側卡勾包含三層膠厚，最好保有 3mm 高度，一層爲 1mm，扣合深度 0.6mm 即可，若太深的話，主殼之肋片在落下測試(Drop Test)容易斷裂，此是不被允許的。

由圖示　A = 滑槽總長

B = 滑槽入口長度

C = 主殼扣片長度

D = 扣耳長度

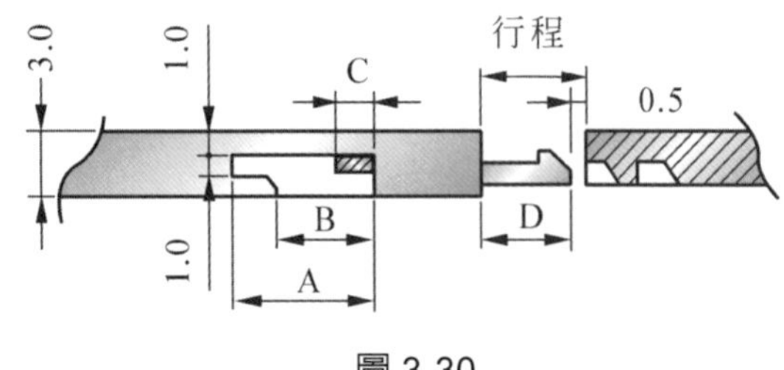

圖 3-30

行程 = D + 0.5 (間隙)

A = C + 行程 + 0.5 (間隙)

B = A – (C + 0.5 間隙)

b. 電池蓋前緣卡勾長度勿須設計得太長，我們可利用施力於電池蓋前緣，使蓋微變形，致卡勾與主殼脫勾，因此於施力點處必須得到使蓋變形的空間，局部設計避空位置，如圖 3-31 示。

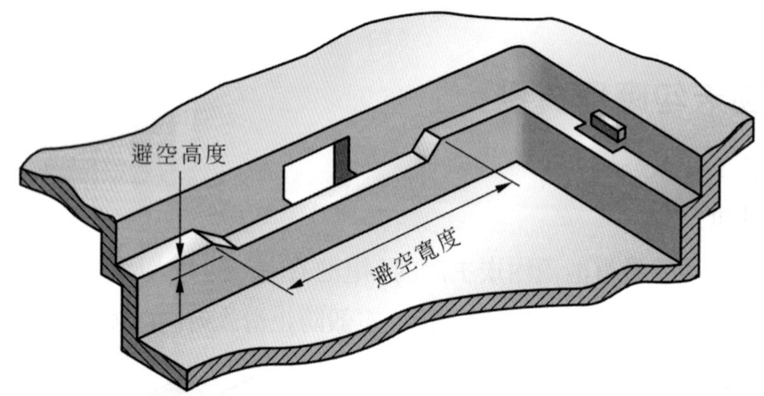

避空寬度建議值 ≥ 20mm 以上

避空高度建議值 = 卡勾扣合量(深度) + 1mm

圖 3-31

c. 若電池室高度空間受到限制，無法利用高度方向避空，則在此建議利用電池蓋局部減膠達成避空目的，如圖 3-32 示。

圖 3-32

d. 電池蓋後端卡扣之設計，依電池蓋外形寬度而定，如圖示。

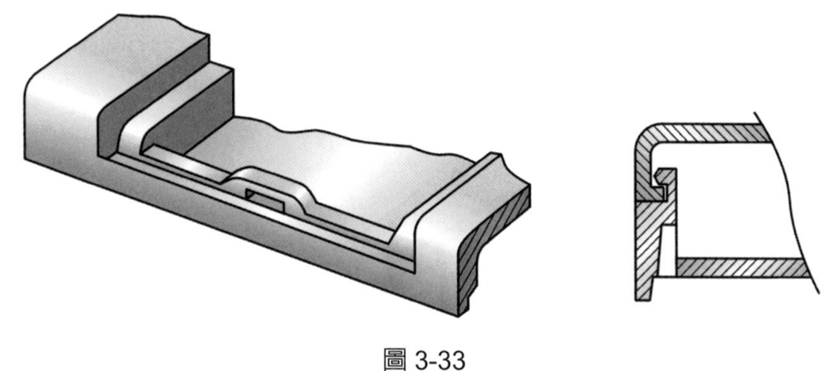

圖 3-33

(2) 外包式：

所謂外包式即是電池蓋體左右兩側已經延伸至主殼外觀面。

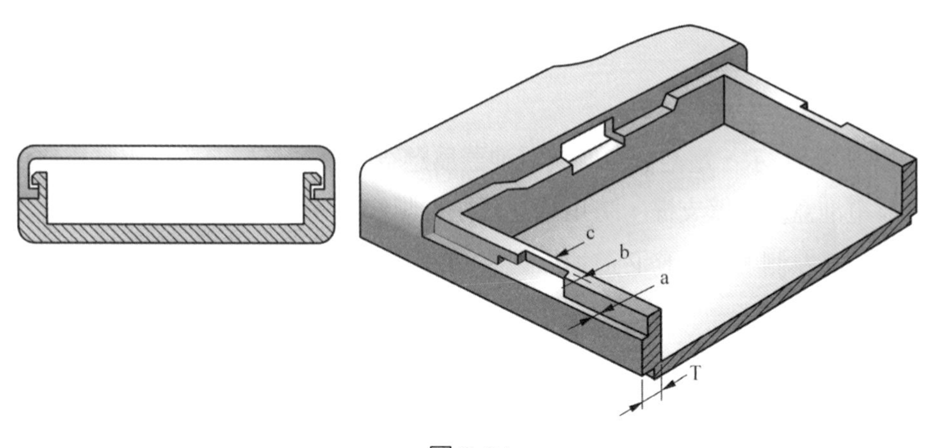

圖 3-34

※ **設計重點：**

a. 其側卡勾結構方式同內崁式作法，但結構須作相反，如圖 3-34 示扣槽設計於電池盒，而扣位則設計於電池蓋。

b. 前端彈性卡勾及後緣卡扣，同內崁式作法。

c. 電池蓋頂面平均肉厚，建議保有 1.3～1.8mm(視空間利用)。
側牆高度則 = 頂面平均肉厚 + 2mm(至少)。

d. 電池盒側牆厚度 T = a + b + c = 1.3mm + 0.6mm + 0.6mm = 2.5mm(至少)。

e. 側卡勾之脫勾行程 > 前端彈性卡勾脫勾行程。

(3) 半崁式：

所謂半崁式意即電池蓋側牆，一側位於電池盒內部，另一側則是外緣，爲外觀之一部份，如圖 3-35 示。

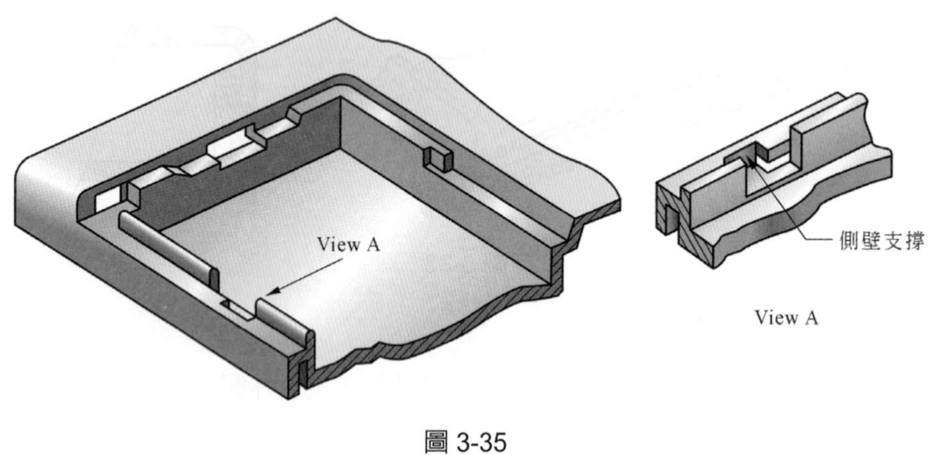

圖 3-35

※ **設計重點：**

a. 如圖 3-31 示，電池盒左側與電池蓋爲懸空狀態，卡扣之設計重點爲電池蓋必須靠電池盒，側壁支撐，防止電池蓋往左側鬆脫。

b. 電池蓋左側，前緣務必追加如圖 3-36 示止口，防止段差。

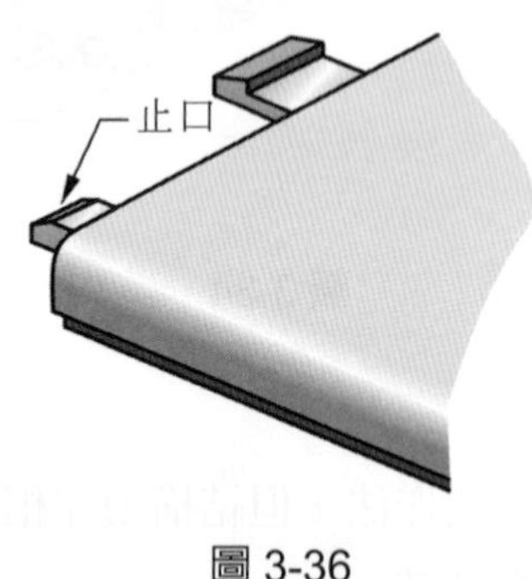

圖 3-36

c. 爲防止電池蓋與電池盒，配合面產生段差或間隙，一般習慣於電池盒側作美工線，規格視產品類別而定。

- 相機，PDA 手機，電子辭典等適用細規格 = 0.3(W) × 0.3(D)
- 筆記型電腦、遊戲機等適用中規格 = 0.5(W) × 0.5(D)
- Monitor、滑鼠、電腦週邊產品等適用粗規格 = 1.0(W) × 1.0(D)

d. 電池蓋係利用施力下壓，使電池蓋前端卡勾產生變形，而脫勾因此電池蓋與電池模組(電池)間，必須保持適當間隙，足以使電池蓋脫勾順利滑出，如圖 3-37 示。

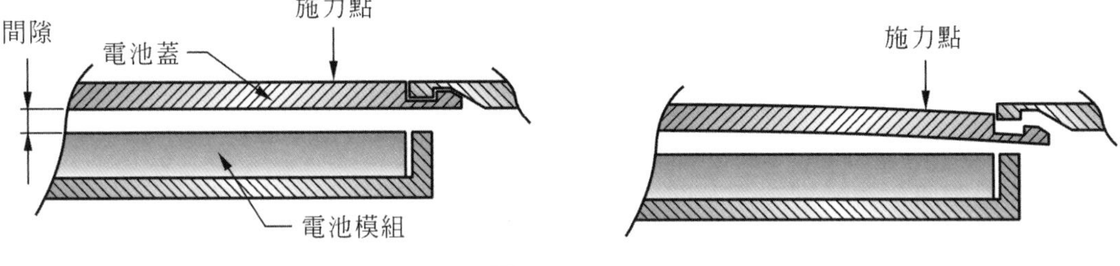

圖 3-37

e. 使電池蓋脫勾之最佳施力點位置，務必利用外觀語意符號(ICON)或造形標示清楚，如設計凸起物造形，高度不得超過腳墊高度。

3.5 轉軸式電池蓋設計

3.5.1 電池蓋原生轉軸

係利用電池蓋兩側設計原生轉軸，配合前後殼體原生彈性轉軸襯套，推拉一脫勾行程，翻轉掀啓電池蓋如圖 3-38 所示。

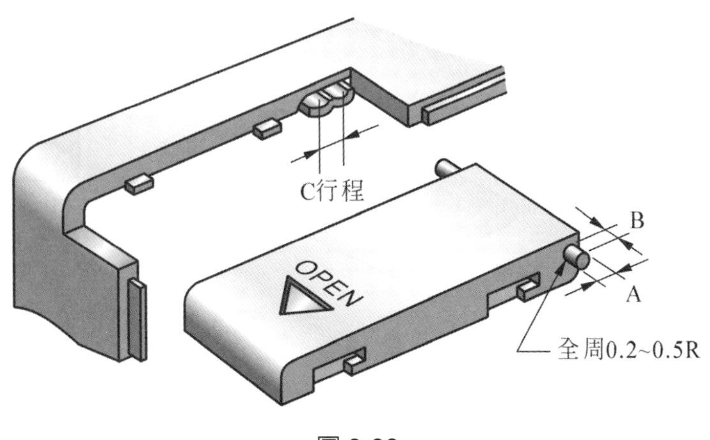

圖 3-38

※ **設計重點：**

(1) 電池蓋原生轉軸，ϕ 徑 A ≥ 2mm，高度 B ≤ 2mm 其根部建議追加全周 R 角 0.3～0.5mm。

(2) 為求保持電池蓋與殼體配合間隙，建議如圖 3-39 示，轉軸根部追加凸台，高度 0.1mm。

(3) 殼體原生轉軸襯套(如圖雙半圓)，為求得一彈性體其高度建議 ≥ 4mm，其平均膠厚 0.7～0.8mm，根部追加小 R 角，防止斷裂。

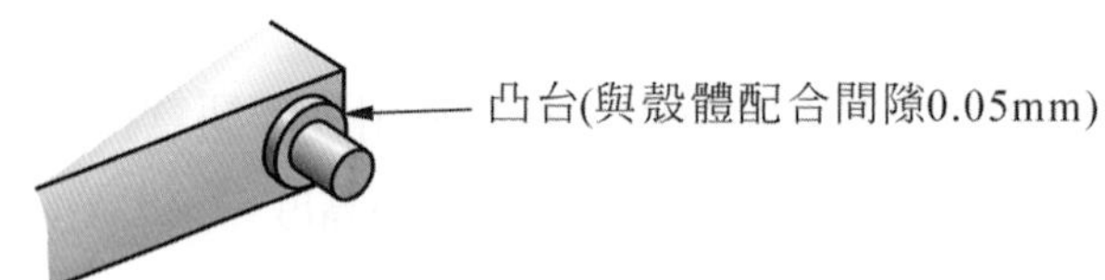

圖 3-39

(4) 轉軸襯套行程 C = 側卡勾脫勾 + ≥ 0.5mm。

(5) 轉軸襯套行程，決定電池蓋翻仰角度，其設計原則如下：

a. 電池蓋翻仰角度 ≥ 90 度。

b. 電池蓋不得與殼體干涉，闔蓋時，能利用重力自由落下。

c. 置入電池，電池不得與電池蓋模組(含接觸彈片)干涉。

(6) 電池蓋端極性金屬導片，務必設計“正”極防呆(萬一電池組裝反，通電極性不導通)，如圖 3-40、3-41 示。

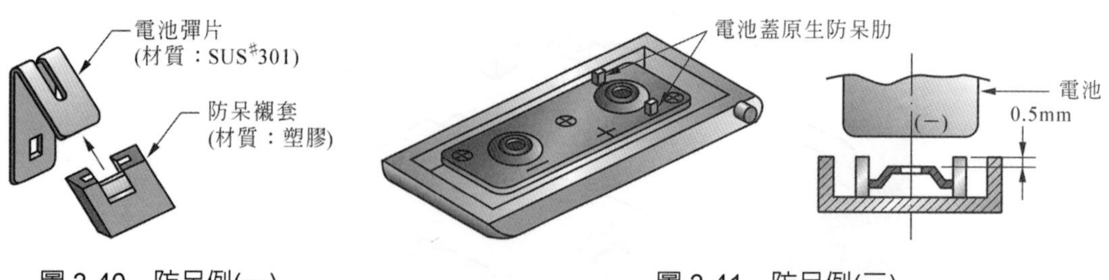

圖 3-40 防呆例(一)　　圖 3-41 防呆例(二)

3.5.2 兩件式金屬棒轉軸

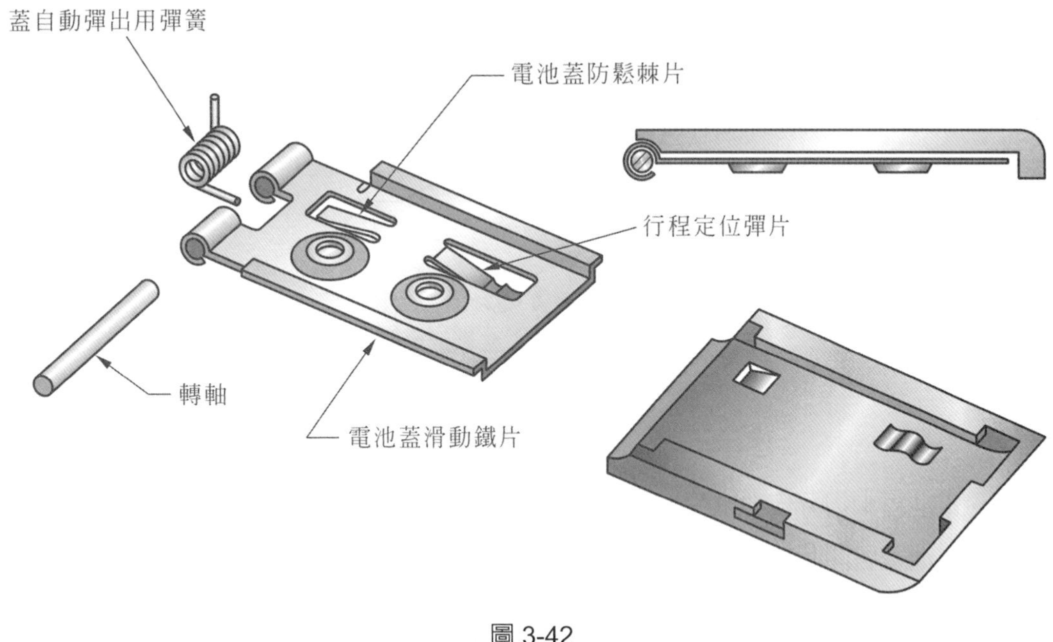

圖 3-42

基本結構功能介紹(圖 3-42)：

一、轉軸：電池蓋旋轉中心之固定軸。
　　材質一般使用 SUS，其兩端必須利用其他物件壓制作限位防止鬆脫。

二、蓋自動彈出用彈簧：固定端由電池盒支撐，頂出端預壓電池蓋滑動鐵片。

三、電池蓋滑動鐵片：隨轉軸中心作旋轉，負責電池極性導通其彈棘片(只能滑入，不能脫出)之設計爲裝配電池蓋後，防止蓋鬆脫，另一行程定位彈片，則是當電池蓋推拉一固定行程作限位之用。

四、電池蓋：利用滑槽與鐵片作開閉動作。

※ **設計重點：**

(1) 電池蓋行程，決定其翻仰角度，行程愈大，仰角愈大。(電池置入無障礙)

(2) 電池蓋滑動行程 = 側卡勾脫勾行程 + ≥ 0.5mm。

(3) 電池蓋於二段定位狀態，必須定位確實，不得有虛位現象。

(4) 滑動鐵片轉軸作全圓折彎，其眞圓度較易失眞，易造成電池蓋闔上時，與主殼產生段差，建議如下：

a. 轉軸部全圓折彎，則電池蓋前緣追加止口插入主殼，改善段差。

b. 轉軸部，兩側折彎，沖製轉軸配合孔，如圖示，電池蓋滑槽，盡量靠近轉軸中心，有利於上述段差之改善。

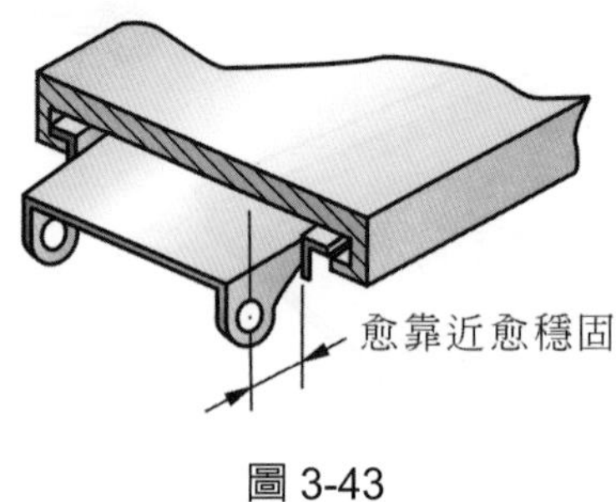

圖 3-43

(5) 電池蓋卡扣分佈力求平均穩固，不能有受力頂出鼓起現象。

(6) 電池蓋啓開狀態，應利用滑動鐵片頂主殼側壁作限位避免刮漆，如圖 3-44 示。

(7) 電池蓋追加保險開關鍵，防止電池誤觸受力啓開，設計如圖 3-45 示。

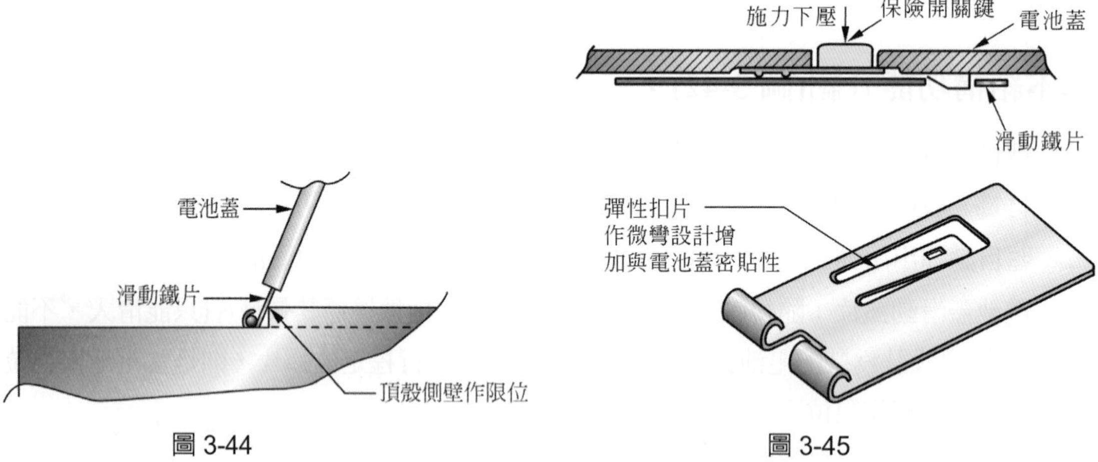

圖 3-44　　圖 3-45

3.6 定位功能及設計原則

兩件零件作鎖付固定若未設計定位功能，螺絲順時針方向之鎖付扭力，會使物件順向旋轉，造成鎖付孔位偏移，無法達到組裝精度，不僅浪費工時，且無法大量生產。

※ **設計原則**：

(1) 定位點必須二個以上，且兩者距離愈遠愈佳。

(2) 定位點設計最佳爲圓柱配圓孔容易導入。

(3) 定位柱之設計，必須兼顧表面縮水與強度。

(4) 定位柱頂部應作圓頂設計以利導入。

(5) 螺絲柱與定位柱應保持適當間距避免螺絲頭干涉定位柱，如圖 3-46 示。

$$A = \frac{\text{螺絲頭直徑} + \text{定位柱直徑}}{2} + 0.5\text{mm}$$

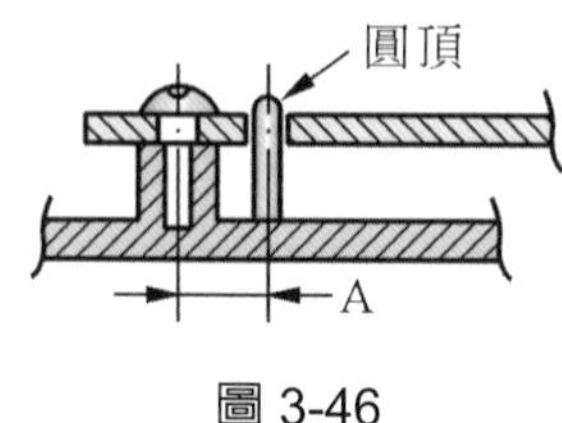

圖 3-46

3.7 止口之功能及設計原則

止口爲產品之基本設計，主要功能爲防止主殼體配合之分模面，因組裝間隙而看到內部零件，並可有效克服分模面外觀段差問題，如圖 3-47 示，設計建議值如下列：

$a \geq 0.65T$

$0.5T \leq b \leq T$　　　$C \geq 1.5\text{mm}$

※ **設計原則**：

(1) 止口盡量設計於如圖 3-47 示下殼(組裝固定端)，有利於組裝。

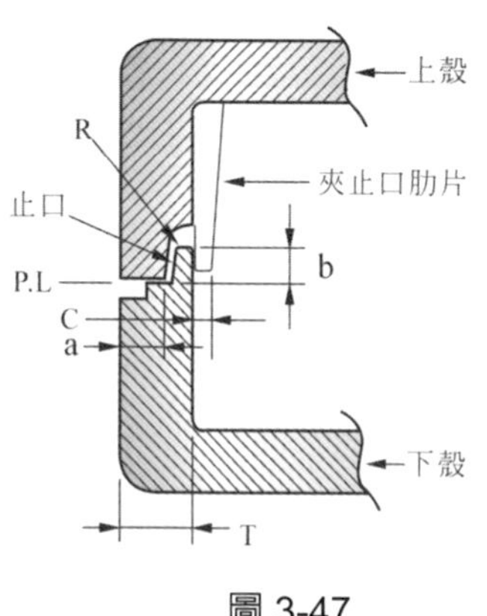

圖 3-47

(2) 止口盡可能設計於同一件殼上，除非設計空間受到限制。

(3) 止口頂部如圖示應追加 R 角，利於組裝導入，脫模斜度 3°。

(4) P.L 面(殼體配合面)之間隙為“0”。

(5) 如內部空間限制，如圖示上殼無法設計夾持止口肋片，止口應如圖 3-48 示，於上下殼作交叉設計，防止殼體浮翹。

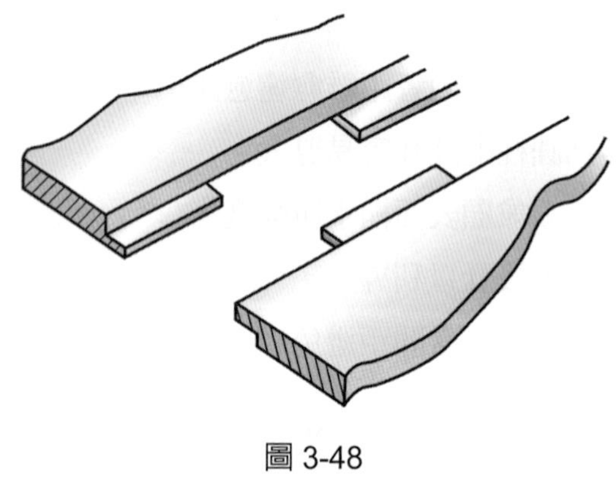

圖 3-48

3.8 轉軸式門蓋之設計

此門蓋結構常應用於筆記型電腦 I/O Port 軟碟、數位相機之 USB、SD 記憶卡座，依轉軸方式分為二種。

3.8.1 原生轉軸

兩側圓柱轉軸係由門蓋直接長出，組裝時必須利用門蓋之彎曲形量置入轉軸配合孔。

註

轉軸如由公母模碰模，其真圓度易失真，如圖 3-49 示建議改為滑塊方式(側向)。

碰模段差，真圓度失真

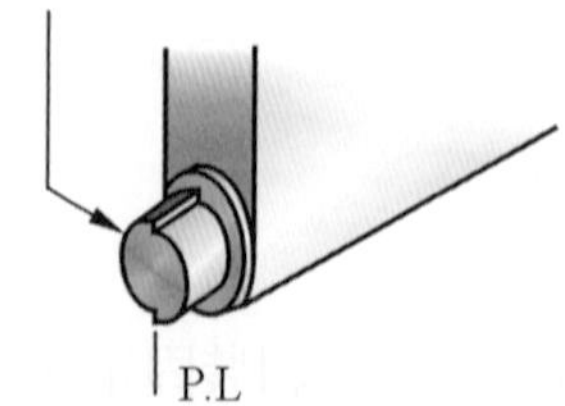

圖 3-49

3.8.2 金屬棒轉軸

當門蓋長度很短，無法利用其變形量置入轉軸，則須另設計一金屬棒充當旋轉軸。

註

1. 此結構適用加裝一頂出彈簧，作門蓋自動彈出。
2. 金屬棒材質：SUS 301，ϕ徑 = 1.0 mm。
3. 彈簧材質：琴鋼線，ϕ徑 = 1.15 mm。

3.9 門蓋卡扣方式

3.9.1 原生彈性卡扣

設計限制：A ≥ 4mm。

3.9.2 門閂(latch)卡扣

額外追加一門閂按鍵去扣住門蓋，如圖 3-50 示。

註

此結構必須配合頂出彈簧設計。

※ **設計重點：**

(1) 切忌轉軸設計於下殼，門蓋原生卡勾置於上殼，組裝公差易造成扣合不確實，且有刮漆之後遺症。

(2) 門蓋開啓角度必須足夠，不得與插頭(Plug)干涉，並保留適當間隙。

(3) 爲保持軸向，門蓋與殼體間隙平均，原生轉軸根部建議追加小圓凸台(兩側)，如圖 3-51 示。

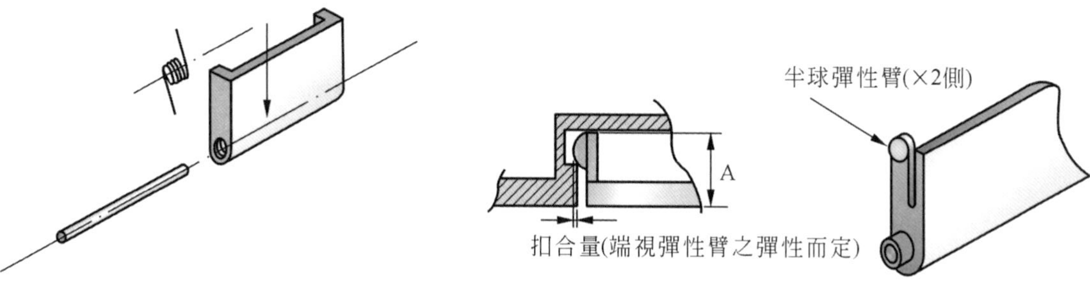

圖 3-50

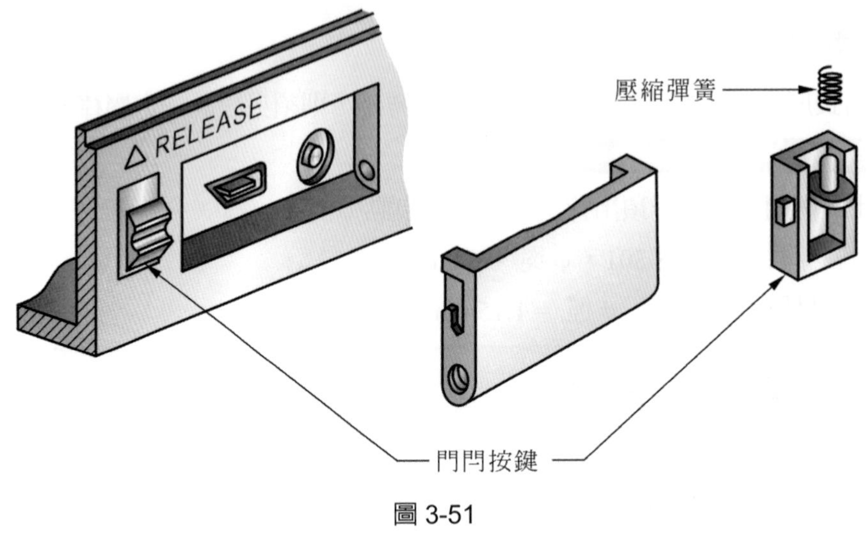

圖 3-51

(4) 門蓋原生轉軸直徑，至少為ϕ2mm 以上，且軸高盡量勿超過其直徑，落下測試較不易斷裂。

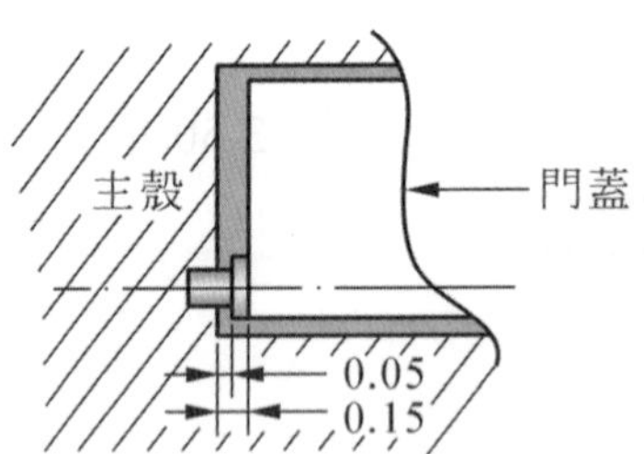

(5) 門蓋長度如果超過 150mm，因強度不夠易變形，旋轉時動作較不順暢，建議如圖 3-52 追加支撐轉軸。

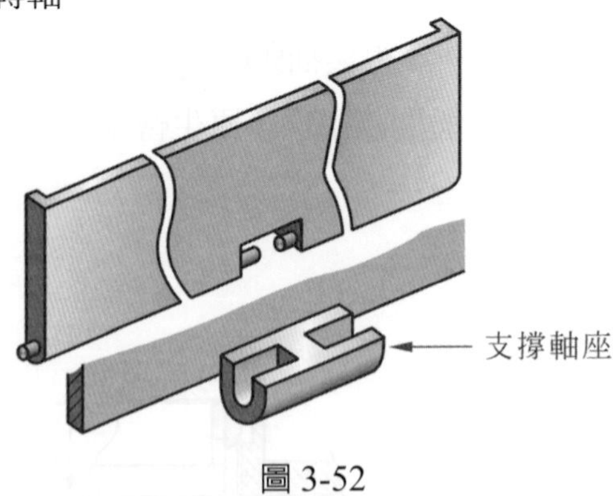

圖 3-52

(6) 門蓋厚度很薄，不足以設計側向轉軸，2 點建議如下：

轉軸外凸：

a. 如圖 3-53 示，必須外觀造型配合。

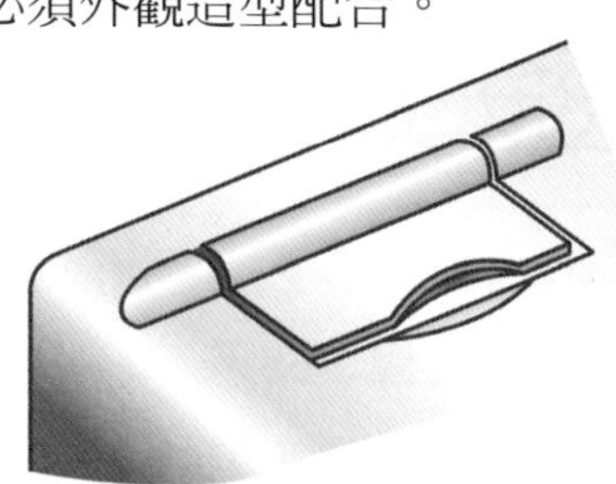

圖 3-53

註

如門蓋太短沒有變形量，轉軸扣合量盡量作小，兩側轉軸並作倒 C 角，有利於導入。

b. 轉軸內縮：如圖 3-54。

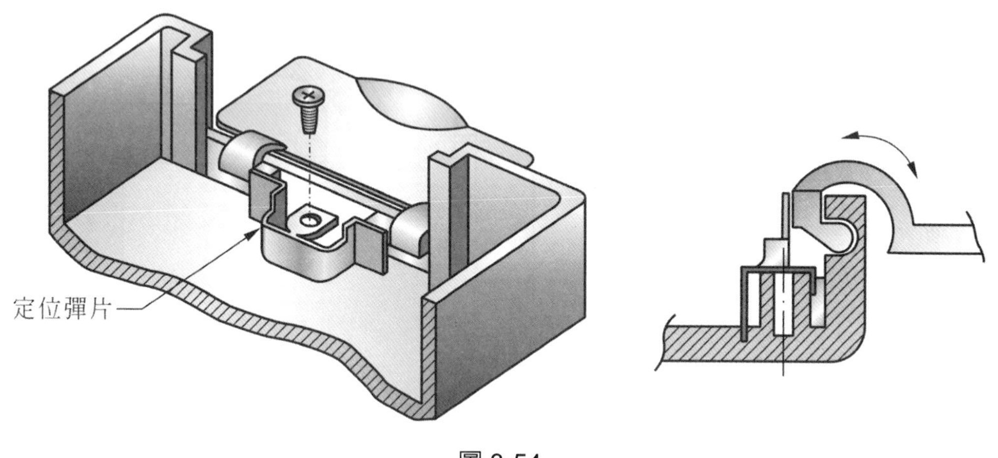

圖 3-54

※ **限制條件：**

(1) 內部需要較大之轉軸及定位彈片設計空間。

(2) Socket 或 Jack 無法由主殼原生面板，必須獨立設計。

(3) 僅能設計二段式"定位"無法作門蓋自動彈出設計。

(4) 有定位彈片之預壓力量，門蓋要有較合理之手指位施力空間易於施力，啓開門蓋。

※ **設計重點：**

(1) 定位彈片，必須設計為預壓狀態，如圖 3-55 示：

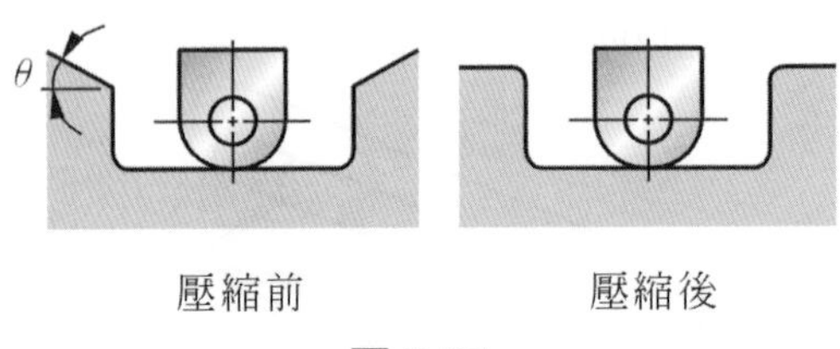

圖 3-55

其預壓角θ 之設計值應視彈片之彈性而定，而彈性之影響因素為彈片材質、厚度及力臂長度。

(2) 如何使用作圖法，求得最佳之旋轉軸中心，如圖 3-56。

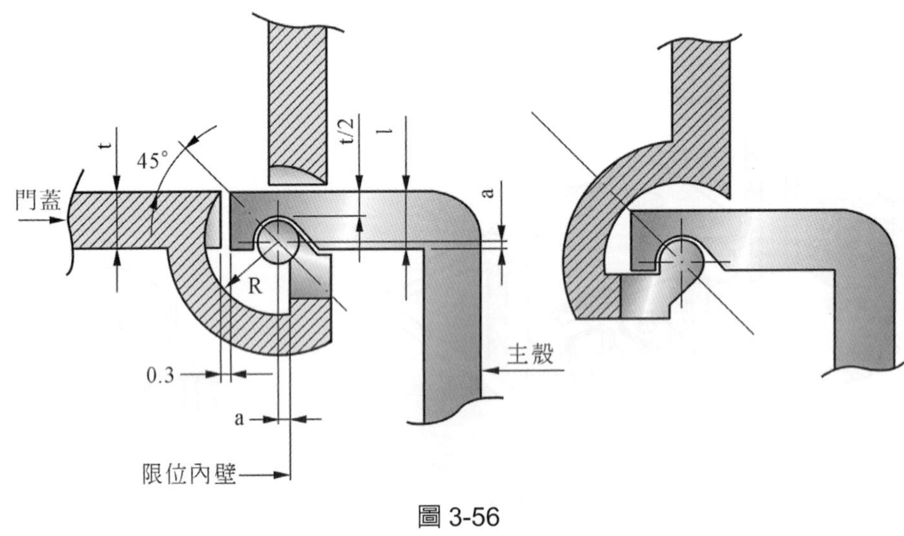

圖 3-56

a. 先劃出門蓋關閉狀態之位置，並預留與主殼保持 0.3mm 間隙。

b. 於主殼 PL 面通過頂點劃一條 45°直線，將來最佳轉軸中心位置必落於此斜線上。

c. 計算出轉軸中心至主殼外之距離 ℓ = (1/2)t + 轉軸半徑，求得轉軸中心。假設 t = 2mm 代入 ℓ= 1+ 0.75 = 1.75mm。

註

(1/2) t 係為不產生印痕之經驗值。

d. 利用求得之轉軸中心，劃出門蓋開啓之相對位置。

e. 以轉軸中心爲圓心，通過門蓋 PL 頂點 R 爲半徑劃圓弧，此圓弧即爲門蓋轉軸臂內壁半徑，再加一厚度劃圓弧作出外壁。

f. 距離圓心 a 處，作出門蓋限位內壁，加一厚度作出外壁。

g. 以轉軸中心爲圓心，r = 0.75mm 爲半徑，劃出轉軸全圓。

h. 平行 45°直線，切轉軸圓作斜線，完成轉軸與轉軸臂之銜接。

i. 嘗試旋轉門蓋檢查是否干涉。

3.10 彈簧式門蓋之設計

滑軌式門蓋搭配“L”形壓縮彈簧利用彈簧呈崩潰特性，達到門蓋開閉均有預壓省力效果，一般廣用於相機鏡頭防塵蓋，優點爲作動順暢，可使門蓋緊閉，缺點爲門蓋長度若太長，施力時，易使門蓋變形，損傷主殼體，基本結構如圖 3-57 示。

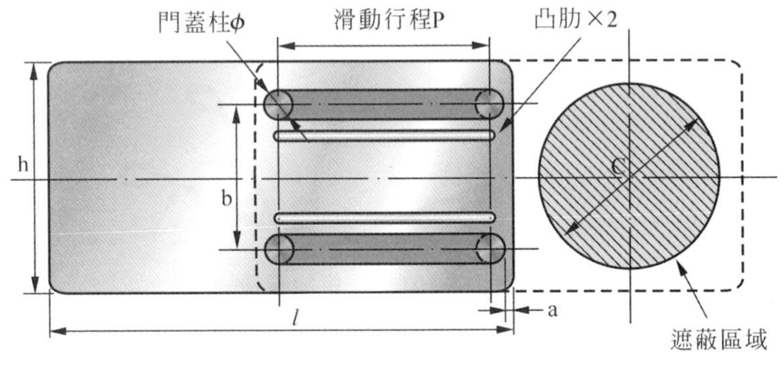

實線：表門蓋開啓狀態

虛線：表門蓋關閉狀態

圖 3-57

※ **設計步驟：**

(1) 依實際需求，決定門蓋滑動行程。

(2) 依據滑動行程，決定門蓋總長度，$\ell = 2(P + a) + \phi$。

(3) 依外觀造型或實際需求決定門蓋高度，$h \geq C + 2$。

(4) 決定滑軌垂直方向軸心距 b，

$h \geq b + \phi + 2$，所以 $b \leq h - (\phi + 2)$。

註

1. 軸心距愈寬滑動愈平隱。

2. 切勿使用單滑軌配方形柱設計，除非門蓋有外形作滑動限位設計，如滑動鍵之造型。

(5) 決定門蓋與主殼之滑動間隙(視門蓋之強度而定)

建議設計值 = 0.6～1.0mm，並由主殼設計圓頂凸筋支撐門蓋，如圖 3-58 示。

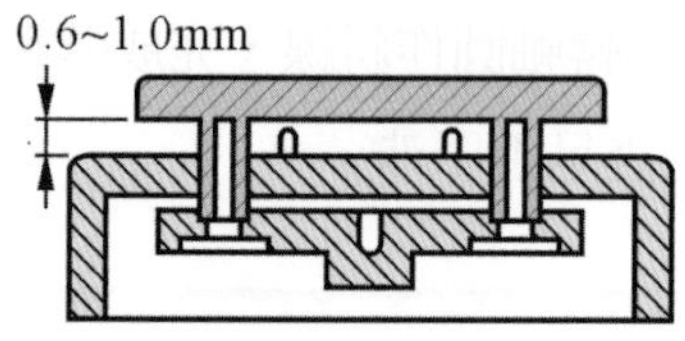

圖 3-58

(6) 定出壓縮彈簧兩端扣位之位置，如圖 3-59 示：

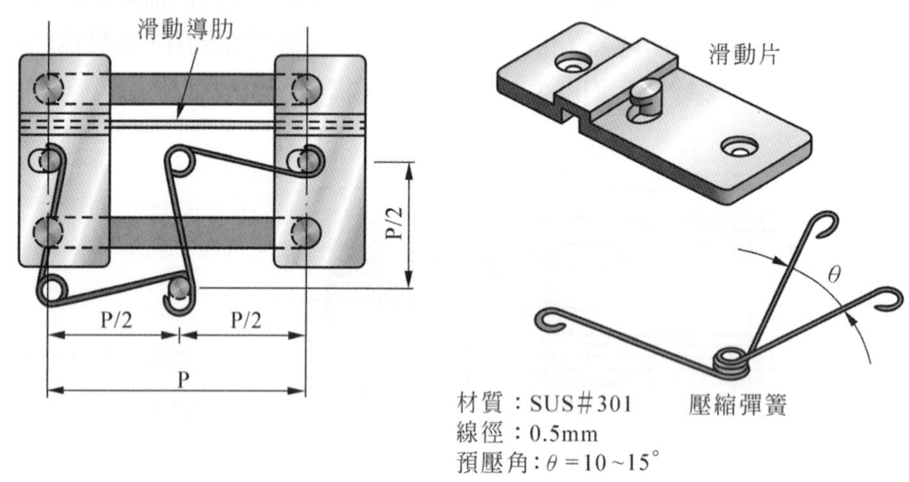

圖 3-59

(7) 決定 power on 開關位置，滑動片長出結構體，藉以門蓋“OPEN”狀態，觸動 power switch。

註

如應用於數位相機產品，門蓋必須有 Auto power on 功能。

3.11 電池室按觸彈片之設計

舉凡消費性電子產品，絕大部份需有電力能源，電池接觸性設計之良莠，攸關功能之正常操作，因此一個設計人員必須正視其重要性。

一般電池組之設計：

3.11.1 圓筒式鹼性電池規格

國際標準編碼		LR03	LR06	LR14	LR20	6LF22
美國編號		AAA(UM4)	AA(UM3)	C(UM2)	D(UM1)	J
日本編號		AM4	AM3	AM2	AM1	6AM6
其他國家或地區的編號		MN2400 E92	MN1500 E91	MN1400 E93	MN130 E95	MN1604 522
電化學系統		鹼性鋅錳				
電池外殼		鋁箔貼標				
標準電壓		1.5V	1.5V	1.5V	1.5V	9.0V
尺寸(mm)	直徑	10.5	14.5	28.2	34.2	
	高	44.5	50.5	50.0	61.5	47.5
	長					25.5
	寬					16.5
平均重量(g)		11.3	23.0	67.0	136.0	47.0

3.11.2 常見幾種電池之簡介

一、鋅汞電池(Zn-Hg 又稱水銀電池)，因電解液為鹼性，屬於鹼性電池的一種。

- 特性：
  - a. 放電平隱。
  - b. 開路電壓非常隱定。
  - c. 易保存且有相當高的體積能量比。
- 電壓值：1.5V。
- 構造：
  - a. 負極使用 90%的鋅粉與 10%的汞。
  - b. 正極使用 80～90%的氧化汞(HgO)與 5～15%的石墨。
  - c. 電解液為 35～40%的氫氧化鉀(KOH)溶液。

二、鎳鎘電池(Ni-Cd)：

- 特性：
  - a. 成本低。
  - b. 循環壽命長達 2000～4000 次。

c. 大電流放電適應範圍廣，自放電率小。

d. 有記憶效應，故效能會隨放電次數增加而下降。

e. 有鎘污染。

- 電壓值：1.2V。
- 構造：

a. 正極的活性材料為氫氧化鎳。

b. 負極的活性材料為海綿狀的鎘。

c. 電解質的氫氧化鉀。

d. 電解液為水。

三、鎳氫電池(Ni-MH)：

- 特性：

a. 能量密度好。

b. 良好的循環壽命(一般為 1000 次左右)。

c. 在高溫下效能較差。

d. 有自放電率高及記憶效應的問題。

- 電壓值：1.2V。
- 構造：

a. 正極活性材料為氫氧化鎳。

b. 負極活性材料為儲氫白金。

c. 電解質為氫氧化鉀。

d. 電解液為水。

四、鋰離子電池(Lithium-ion)：

- 特性：

a. 能量密度高。

b. 工作電壓高。

c. 循環壽命長。

d. 無記憶效應。

e. 成本高。

f. 過充(電)情況，在放電時有安全顧慮，須設計保護回路。

- 電壓：3.6V。
- 構造：
  a. 正極活性材料爲鋰鈷氧化物，鋰錳氧化物，鋰鎳氧化物。
  b. 負極活性材料爲碳材料。

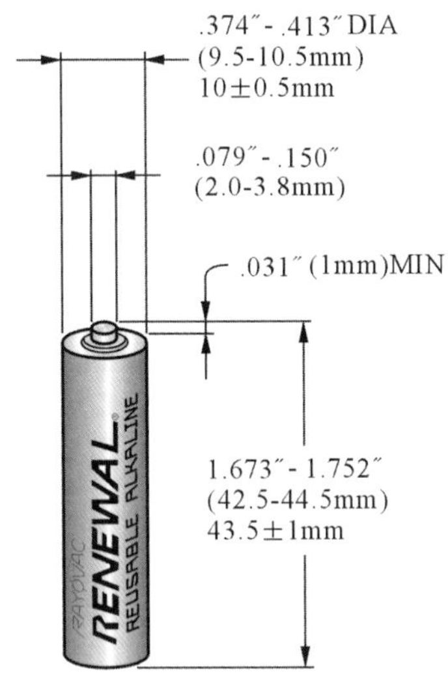

AAA Size RENEWAL. Battery

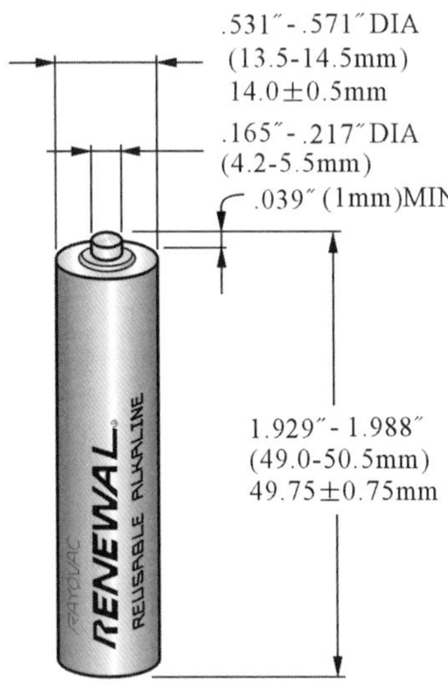

AA Size RENEWAL. Battery

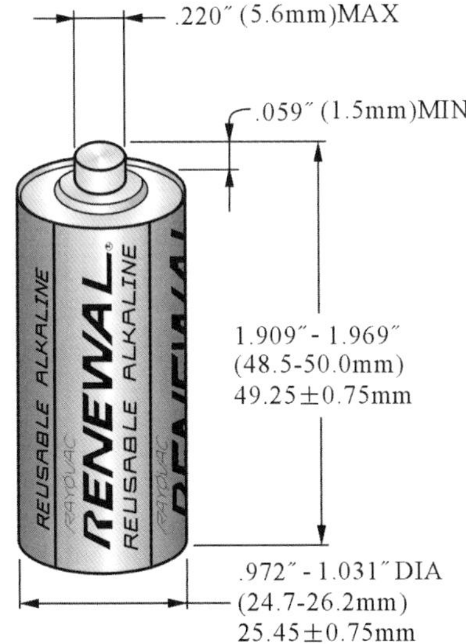

C Size RENEWAL. Battery

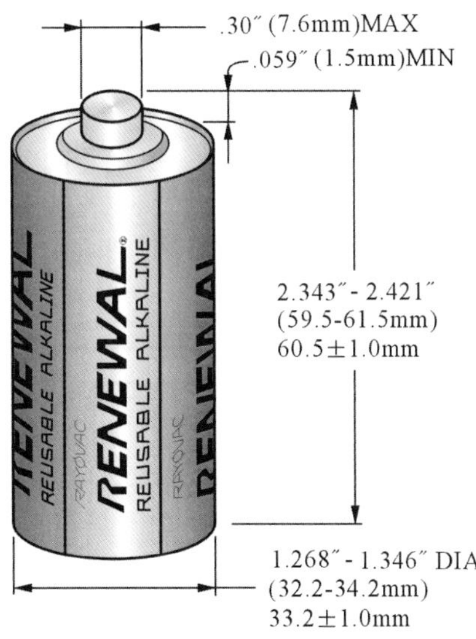

D Size RENEWAL. Battery

圖 3-60

3.11.3 接觸彈片之設計

※ **設計步驟：**

一、依使用電池規格(MAX)，電池尺寸規格 $=\phi$ 14.0mm ± 0.5 × 49.75mm ± 0.75，電池實際尺寸 $=\phi$ 14.1mm × 50mm，訂出電池室空間，以 AA Size Toshiba 電池爲例如圖 3-61 示。

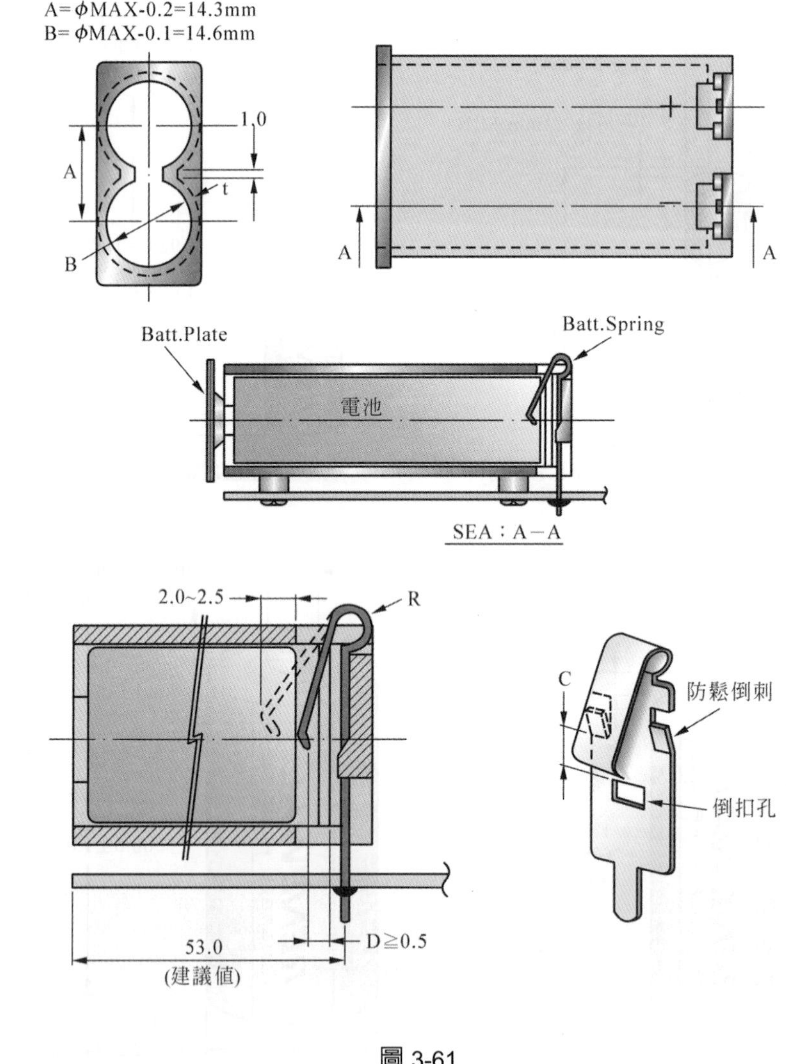

圖 3-61

註

圖示電池盒，其模具係採油壓缸結構。

二、 電池彈片設計：

(1) 電池彈片之壓縮量，2.0～2.5mm。

(2) 彈片懸臂之旋轉中心 R 角訂定，R 角愈大彈性愈好，不易彈性疲痉。R = 2.0～2.5mm。

(3) 彈片固定結構：

a. 倒刺：電池盒 U 形槽寬 = 0.8mm。

b. 倒扣：倒扣孔距離倒刺 C，愈遠愈佳。

(4) 彈片被壓縮後，其末端離側壁距離 D ≥ 0.5mm。

(5) 彈片被壓縮後，其接觸點應保持在電池中心線上。

(6) 彈片之材質選用建議採用鈹銅或不銹鋼 SUS#301，t = 0.3mm，電鍍鎳處理。

註

1. 儘量勿採用錐狀彈簧(圖 3-62)設計，易衍生“電感效應”，產生“電壓降”，較壓縮彈片浪費設計空間。

2. 如空間允許，電池蓋端之電池極性接觸板(Batt. Plate)儘可能採彈片設計，可減少產品輕拍斷電之機會。

圖 3-62 錐狀彈簧

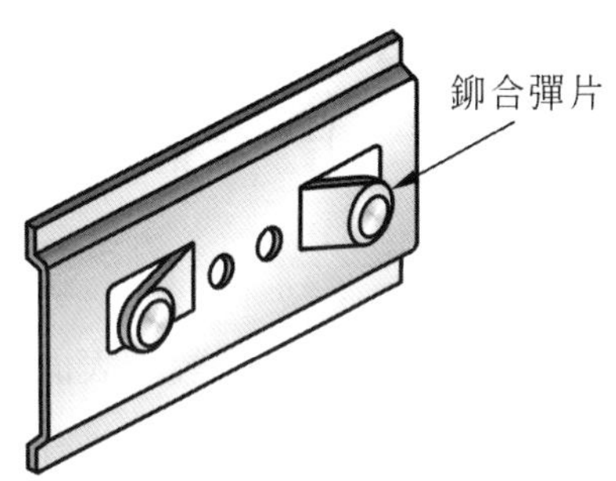

圖 3-63

3. 電池彈片實物驗證，其彈性未臻理想，可於旋轉中心，作補強(圖 3-64)或挖槽(圖 3-65)增減其彈性，以符合設計值。

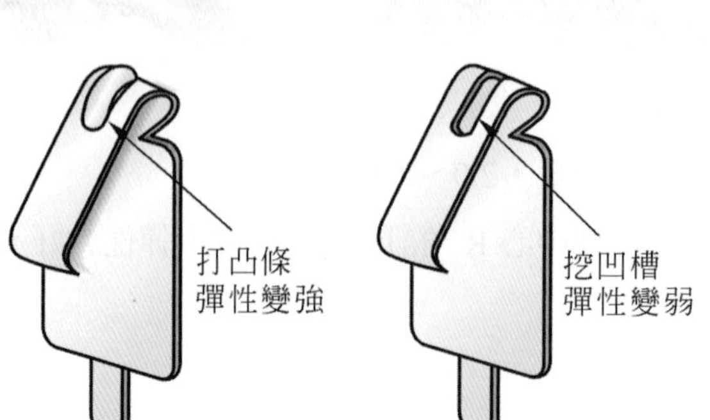

圖 3-64　　圖 3-65

3.12 LED 導光柱之設計

※ **設計重點：**

(1) 導光柱，外觀力求不縮水(直徑≤ϕ2.5)，無成形汽泡，導光面無頂針痕(圖 3-67)，建議如圖 3-66 示。

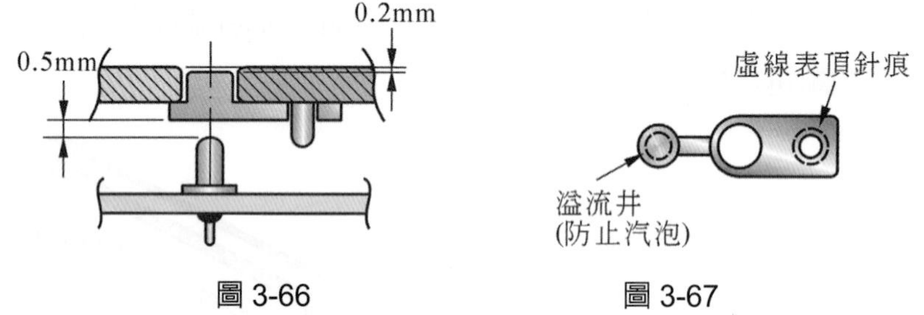

圖 3-66　　圖 3-67

(2) 避免導光柱高出殼體表面，易磨傷損其透明度，採下陷殼體表面 0.2mm 設計。

(3) 固定方式一般採熱熔設計，至少兩點定位。

(4) 導光面與 LED 之距離不宜過遠，影響導光亮度，建議值 0.5～1.0mm。

(5) 兩顆以上導光柱連體並列設計，如間距太近，易產生“漏光”現象，對策如圖 3-68 示。

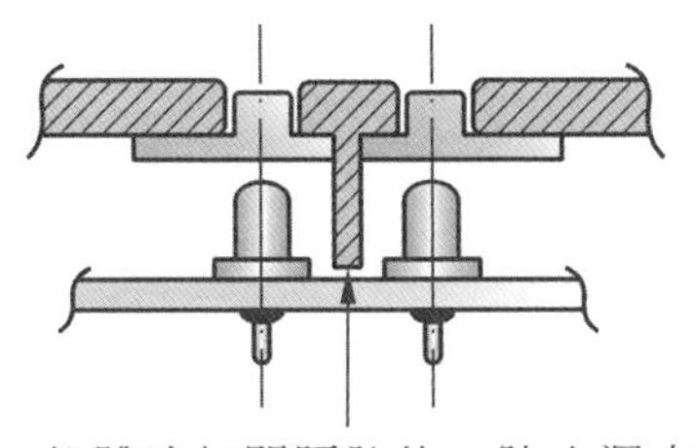

殼體追加間隔肋片，防止漏光

圖 3-68

(6) 導光柱位於殼體轉角之設計。

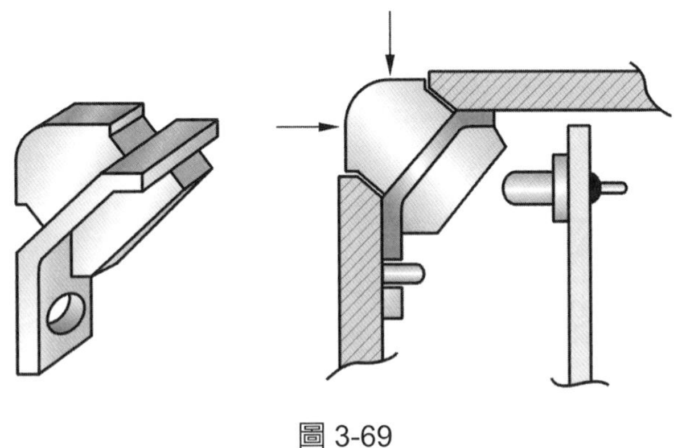

圖 3-69

※ **設計要求：**

從圖 3-69 示兩個箭頭方向目視導光亮度須均勻明顯。

3.13 回復式旋轉鍵(附加保險鍵)之設計

功能動作設定

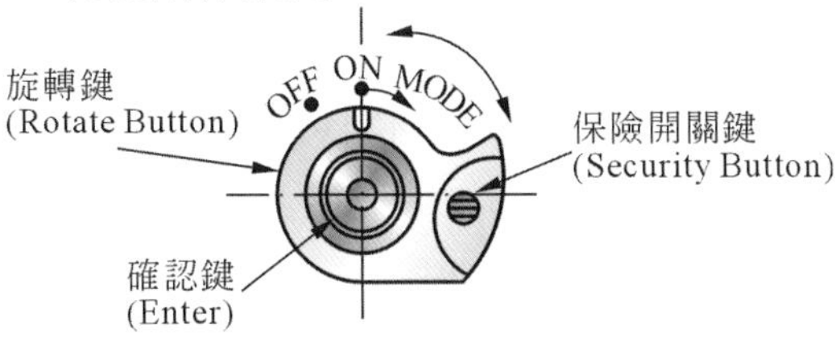

旋轉鍵
(Rotate Button)
OFF
ON
MODE
保險開關鍵
(Security Button)
確認鍵
(Enter)

圖 3-70

動作一：按下保險鍵，逆時針旋轉。

旋轉鍵“Lock”於“OFF”位置，再按保險鍵，順時針旋轉“Lock”在“ON”位置。

動作二：旋轉鍵順時針旋轉，旋轉鍵抵達“MODE”位置。鬆指後，旋轉鍵回復到“ON”位置。

細部結構剖視圖

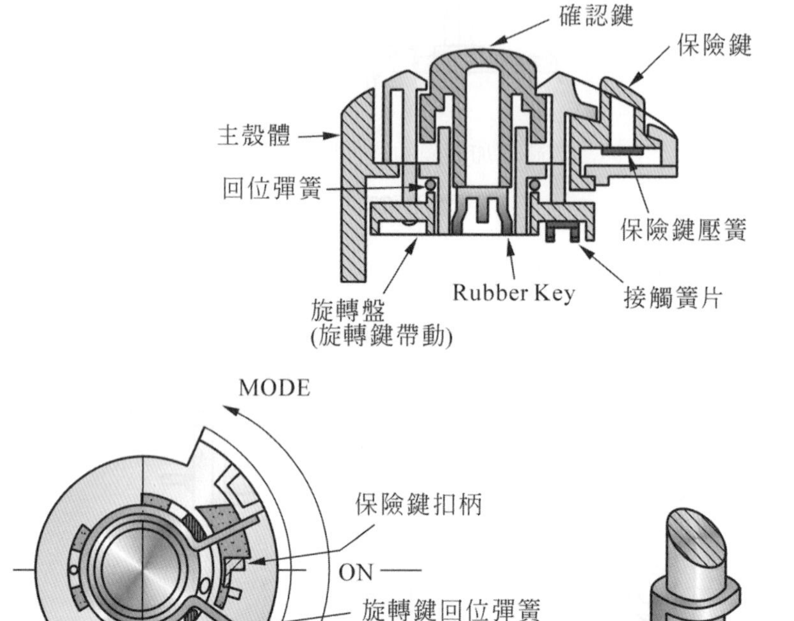

圖 3-71

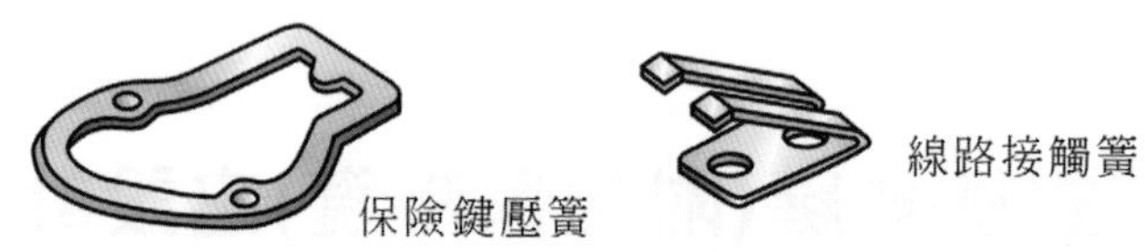

圖 3-72

※ **設計原理**：

(1) 旋轉鍵帶動旋轉盤，使接觸簧片觸及 Layout Circuit，而其材料可爲硬質 PCB 板，也可爲 Membrane(薄膜)材質，設計範例如圖 3-73 示。

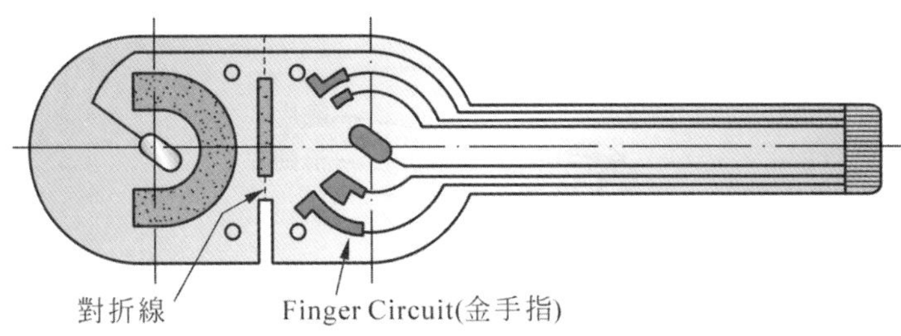

圖 3-73

註

1. Membrane 可 SMT 電子零件，其補強板可利用 PCB 或塑膠片。
2. 旋轉鍵利用預壓之回位彈簧作回位動作。
3. 保險鍵利用“凸塊”崁入殼體配合凹位作“定位”動作。
4. 確認鍵施力下壓，使 Rubber Key 凸柱壓擠兩片薄膜，碰觸 Finger 形成訊號通路。

3.14 回復式平移推鍵之設計

一、功能動作設定：

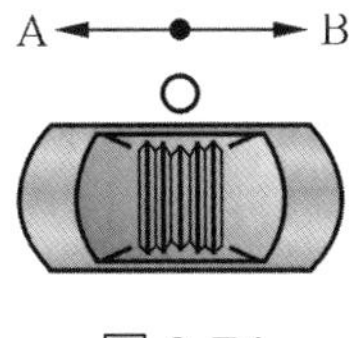

圖 3-74

圖 3-74 示推鍵由 O 點平移至 A 或 B 點，會自動回復至 O 點。

(1) 回復式滑動開關：利用前述滑動式按鍵設計帶動滑動開關。

(2) Membrane 滑動開關：機構設計彈簧作回位動作，利用接觸簧片連接 Finger 作通路。

二、細部結構爆炸圖：

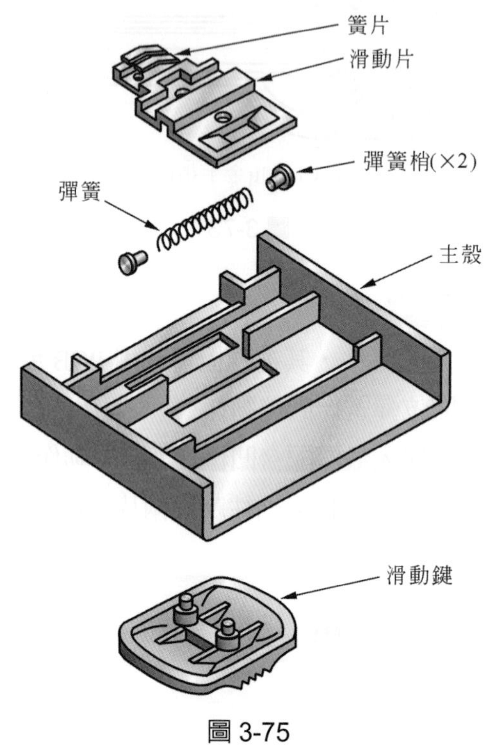

圖 3-75

三、組裝程序：

(1) 彈簧銷(×2)套入彈簧兩端，預壓彈簧置入滑動片"U"形槽內。

(2) 滑動片置入主殼(彈簧銷對正導軌肋片)。

(3) 滑動鍵對正滑動片熱熔孔置入主殼，熱熔柱(×2)熱熔固定。

(4) 置入薄膜線路板，固定於主殼。

註

此機構爲直線運動，亦可運用在圓周運動上。

3.15 導電橡皮按鍵之設計(Rubber Key)

一、設計原理及應用：

利用矽樹脂膠(Silicone)材料之特性，施力使按鍵崩潰導通薄膜(Film)線路板，應用範圍包括手機、計算機、鍵盤、電子辭典、PDA、測試原理及設計建議值如下：

(1) “Click”聲音愈大則段落感愈明顯，但回彈力(Return Force)則相對愈低、愈容易卡鍵。

(2) 若是提高接觸力(Contact Force)，則操作力(Operating Force)須愈大，以下經驗值僅供參考。

 a. 接觸力(Contact Force) – 回彈力(Return Force) ≤ 15g

 b. 回彈力(Return Force) = ≥ 60g

 c. 荷重或操作力(Operating Force) = 155 ± 30g

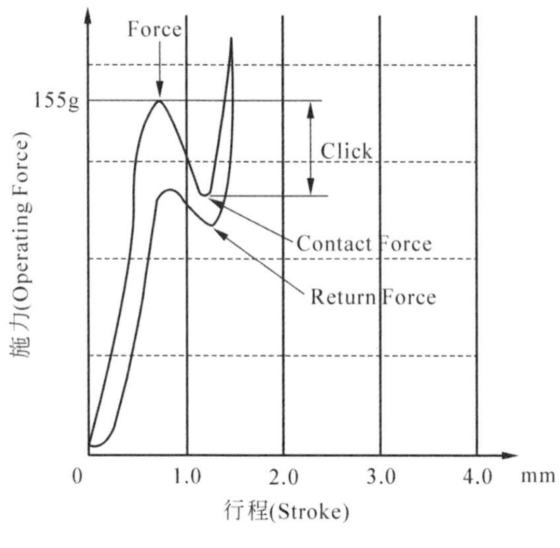

圖 3-76 行程

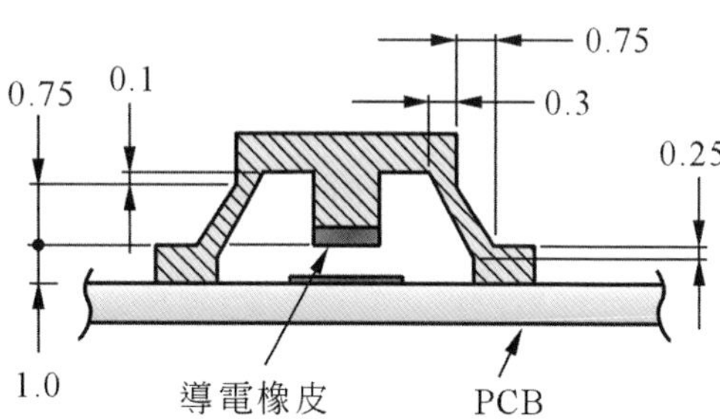

圖 3-77 Rubber Key 剖視圖

二、設計注意事項：

(1) 如圖 3-77 示為設計建議值，材質為 Silicone Rubber，Barcol 硬度 = 55。

(2) 導電橡皮材質為 Conductive Capron Silicone Rubber 與 PCB 必須維持 1mm 之間隔。

(3) 導電橡皮之直徑必須小於 PCB(或 Film)線路銅箔之最小寬度。

(4) 接鍵底部應有逃風孔設計，缺口高度 = 0.5mm。

(5) 接觸阻抗在 200g 施力時，不得大於 50Ω，可用去漬油擦拭 PCB 線路銅箔。

(6) 測試規格：

 a. 導電橡皮接觸電流 = 30mA

 b. 接觸電壓 = 12VDC / 0.5sec

 c. 壽命測試：1,000,000 次以上

(7) Key Rubber 之頂面必須凸出殼體 2.5mm，並與殼體保有全周 0.35mm 間隙，如圖 3-78 示。

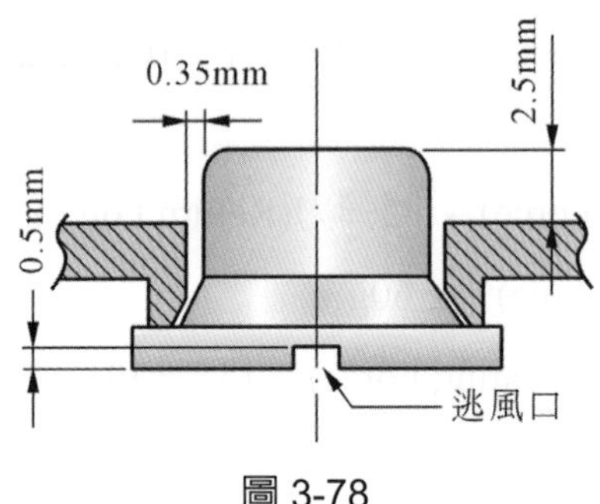

圖 3-78

(8) Key Rubber 與 PCB 之間，若襯有絕緣 Mylar，其表面要採用霧面處理，因爲平滑面易造成局部眞空，使得 Key Rubber 被吸住造成卡鍵。

(9) 主殼必須設計環狀肋片，以壓制 Key Rubber 之凸緣，干涉量爲 0.1mm。

(10) Key Rubber 之作動力：

a. 大 Key(直徑 $=\phi 5 \sim \phi 10$mm)，作動力爲 155g ±30g。

b. 小 Key(直徑 $\leq \phi 5$mm)，作動力爲 130g ±25g。

c. 修正作動力的方式就是改變 Key Rubber 斜壁之膠厚。

註

1. Silicone 之縮水率爲 $\frac{20}{1000} \sim \frac{35}{1000}$。
2. Mylar 爲某公司註冊商標，使用於底片，錄音帶等的強化聚酯物。

3.16 PCB(Printed Circuit Board)之設計

PCB 乃爲印刷電路板(Printed Circuit Board)之縮寫，也有人稱 Printed Wiring Board (P.W.B)顧名思義就是用印刷方式，將線路圖案印在金屬板(銅膜板)上，經過化學蝕刻後產生圖案(線路)，它取代了 1940 年代前(通訊機器或收音機)的以銅線將露出兩端細銅線一處一處焊於端子的配電方式，不但縮小體積，同時也增加處理速度及方便性。

PCB 的應用及生產技術，在 1960 年以後才開始陸續進軍電唱機、錄音機、錄影機等市場，爲了製造雙面貫孔鍍銅製造技術，於是耐熱及尺寸安定之玻璃環氧樹脂基板大量被應用至今。

一、PCB 製程之發展趨勢：

(1) 材料：酚醛樹脂 → 環氧樹脂 → BT RESIN → 聚醯亞胺樹魯。

(2) 線寬：8mil → 5mil → 3mil → 1mil，而 1mil = 0.0254mm。

(3) 板層：雙面板 → 4 層板 → 8 層板 → 12 層板。

(4) 鑽孔孔徑：21mil → 13.8mil → 10mil → 6mil。

(5) 表面處理：熔錫、噴錫、浸(鍍)金、浸(鍍)銀，有機塗布……等。

3.16.1 PCB 製程介紹

一、發料裁板：將上游工廠生產大面積(48" × 42")基板以自動裁板機鋸切成需要之尺寸。

二、前處理：去除板面之油漬，鉻、鋅等，並使銅面具有良好之粗糙度。

(1) 微蝕：微蝕槽(H_2SO_4 / H_2O_2, SPS / H_2SO_4) → 水洗(CT 水) → 烘乾。

(2) 電解脫脂：電解槽(NaOH, KOH) → 水洗(CT 水) → 酸水(HCl_2) → 水洗 → 烘乾。

三、壓膜：以熱壓滾輪將 Dry Film (UV 光阻劑)均勻覆蓋於銅箔基板上。

四、曝光：以 UV 光照射，使底片之線路成像於基板之乾膜上，其曝光原理如下：

D/F 之光起始劑 → 照光(UV) → 自由基 → 聚合反應 / 交聯反應 → 線路成像。

五、顯影、蝕銅、去膜連線：

(1) 顯影：以 1% Na_2CO_3 沖淋，使未成像(Curing)之乾膜溶於鹼液中，並以 CT 水沖洗板面，將殘留在板面之乾膜屑清除。

(2) 蝕刻：以蝕刻液($CaCl_2$、HCl、H_2O_2)來咬蝕未被乾膜覆蓋之裸銅，使不需要之銅層被除去，僅留下必須的線路圖案。

(3) 去膜：以 3%之 NaOH 將留在線路上之乾膜完全去除，此時內層板即成形。

六、內層板沖孔：確保內層板靶位之準確性，作爲鉚合壓板等製程 Tooling Hole 配合。

七、氧化(Black Oxide)：其目的有二：

(1) 粗化金屬銅面以增加與膠片材料間的結合力。

(2) 避免金屬銅面與膠片材料在高溫高壓的壓合過程中，樹脂內 DICYS 與金屬銅發生氧化反應而生成“水”，因而使結合不良，其流程如下：

a. 鹼洗(H_2O + KOH)：去除板面殘留油脂(皂化)。

b. 酸洗(H_2SO_4)。

c. 微蝕(H_2O_2, H_2SO_4, $CuSO_4$)：增加銅面粗糙度。

d. 預浸(NaOH)：中和板面的酸。

e. 氧化(NaOH, $NaClO_2$)：氧化生長成氧化銅絨毛。

f. 還原(NaOH, DMAB)：以 DMAB 將氧化銅還原成氧化亞銅，絨毛長度不變(80% Ca_2O, 20% CuO)。

g. 抗氧化(NPR, Stabilizer)：避免 Cu_2O 氧化成 CuO。

八、壓板：接續內層製程，將已進行 Image Transfer 之內層 Thin Core 透過熱壓製程將其結合成多層板。其流程如下：

(1) 疊合：將氧化後之內層板與 B-Stage 之 Epoxy 以及最外層之 Cu Foil 疊合成壓合單元。

(2) 壓合：利用高溫(180°C)高壓(480psi)將 B-stage 之 Epoxy 轉化成 C-stage 提供層間機械結合力與層間所需之介電厚度。

(3) 後處理：利用 X-Ray 鉛孔機鑽出後續鑽孔製程，所需之基準工具孔。

九、鑽孔：為使電路板之線路導通及插件，必須有導通孔及插孔，這些孔必須以高精密之鑽孔製程來產生。

※ **製程重點：**

(1) 進刀速 Feed (IPM)及轉速 Speed (RPM)：
此兩者對孔壁品質有決定性影響，二者搭配不好，則孔壁會有粗糙(Roughness)、膠渣(Smear)、毛邊(Burr)、釘頭(Nailhead)等缺點。

(2) 進刀量(Chip load)：Chip load = 每分鐘鑽入之深度

註

IPM = Inch Per Minute, RPM = Revolution Per Minute。

(3) 疊高片數(Stack Height)：將板子多片疊高，再以 PIN 固定，提高產量。

(4) 鑽針(Drill bit)：鑽頭之切削性與其幾何形狀有絕對關係，其要求如下：

a. 螺旋角(Helix Angle)要大。

b. 鑽尖角(Point Angle) = 127 ± 7 度。

c. 排屑溝表面需光滑銳利。

d. 為延長鑽頭壽命，鑽 1000～2000 孔後，必須研磨再使用。

(5) 面板(Entry) & 墊板(Backup)：

a. 面板之作用：防止板面損傷，減少毛邊，鑽針之定位及幫助散熱。

b. 墊板之作用：防止機台面損傷，減少毛邊，幫助散熱。

(6) 鑽孔機之精度確定：X、Y 軸定位精度應在“± 0.02mm”之內。

(7) 分段鑽：鑽小孔時若採一般鑽，因排屑量急增，鑽頭易被阻塞而造成斷針，使用分段鑽孔，可改善排屑、斷針及精確度不良的缺點。

※ **鑽孔流程：**

製作鑽孔程式 → 上 PIN → 貼膠 → 鑽孔 → 撕膠分板 → 下 PIN → IPQC。

十、去膠渣(DESMEAR) & 去毛邊(DEBURR)：

(1) 利用 $KMnO_4$ 去除鑽孔完後留在孔壁內之膠渣，以利 PTH 進行。

(2) 利用尼龍刷刷去銅面因鑽孔留下的 Burr。

- 去膠渣原理：

a. 膨鬆：利用醇醚類，如二乙基，乙醇單丁基醚($C_8H_{18}O_3$)滲透環氧樹脂，使孔壁之膠渣(Epoxy)膨鬆軟化，易於過錳鉀咬蝕。

b. 去膠渣($KMnO_4$ + NaOH)。

c. 中和(有機醛類)：將孔壁內之 Mn^{7+}，Mn^{6+}，Mn^{4+} 在酸性溶液中還原成 Mn^{2+}，自孔壁清除。

十一、化學鍍銅 & 一次銅：將孔內非導體利用無電鍍方式使孔導通，並利用電鍍方式加厚孔銅及面銅厚度。

十二、外層製程：針對印刷電路板最外兩面進行圖案製作之流程。

十三、二次銅：補足一次銅孔銅及面銅線線路厚度，達到客戶要求。

十四、去膜蝕銅剝錫：利用蝕刻方式咬去多餘面銅使線路成形。

十五、防焊綠漆(Solder Mask)：為保護電路板上線路，避免因刮傷造成短路、斷路現象和達成“防焊”功能，故在電路板上塗上一層保護膜稱之為“防焊綠漆”。

十六、文字印刷：PCB 表面用絲網印刷，印出電子零件符號表示其安裝位置。

十七、TCP 印刷：在 PCB SMTPAD 上印上錫膏，以利積體電路(IC)焊接。

十八、 有機層塗覆：是屬於有機保護膜類(OSP, Organic Solderability Perservatives)主要是利用凡得瓦力於銅面形成一層有機薄膜，避免銅氧化，亦稱 Soldering Interface。

十九、 水平噴錫：將錫/鉛(Sn/Pb 比例 63/37)熔融，再經過熱風平整錫面，錫覆蓋於銅面上。

二十、 熔錫(Fusion)：主要是將噴錫所產生的一些缺點，如錫橋、錫角利用溫度及甘油的表面張力，將板子的錫重熔，避免短路的危險。

二十一、 鍍金(Gold Plating)：作爲良好的抗腐蝕、抗氧化。

二十二、 成形：將多片排板，分切成單一片板(圖 3-79)，並切出 V 形凹槽(圖 3-80)。

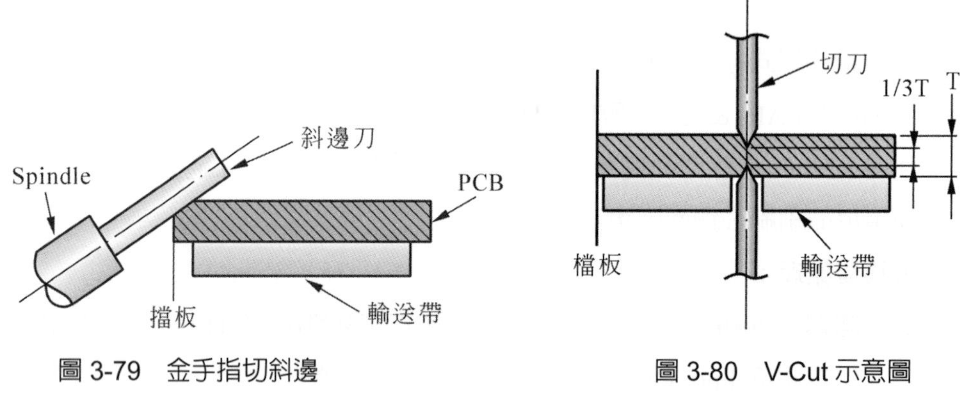

圖 3-79 金手指切斜邊

圖 3-80 V-Cut 示意圖

3.16.2 PCB 製程中最常見的問題

一、功能性問題：

(1) 耐熱(高溫材料不良造成的分離(氣泡、銅斷裂……)。

(2) 設計錯誤或不良(多一個孔，少一條線路)。

(3) 圖案形成不良(線太細、孔過大)。

(4) 電性不良(電阻太低)。

(5) 環境測試不良(老化實驗不良，清潔度不足)。

二、外觀性不良：

(1) 異物或顏色不均(粉塵、衣服屑、毛髮)。

(2) Pink ring。

(3) 表面氧化，污染。

3.17 電子產品 PCB 之規劃流程

一、依據產品規格及尺寸，訂出 PCB 數量及尺寸。

(1) 搜尋電子零件(包含主零件連接器 Switch……等)規格及樣品。

(2) 初步 Placement Review (架構佈局檢討)，包含機構、電子、外觀設計工程師，參加與會，檢討項目如下：

a. PCB 板面積是否足夠容納電子零件 Layout。

b. PCB 之數量是否合於邏輯線路規劃，愈精簡愈佳。

c. 操作按鍵是否合乎人體工學。

d. 使用零件是否成本過高、交期太長。

e. 線材組裝是否違反組裝程序。

f. 靜電(ESD)及電磁波干擾(EMI)應納入設計考量。

二、依據定案外觀造型作細部結構設計：

(1) 考慮整體結構強度，決定 PCB 鎖付孔之位置，設計重點如下：

a. 盡量選擇靠板邊位置作鎖付孔位，避免破壞線路規劃。

b. PCB 固定，至少預留二個定位孔，原則爲距離愈遠愈佳。

c. 鎖付銲盤(PAD)直徑 ≥ 螺絲頭直徑 0.5mm ≥ 螺絲柱直徑 +0.5mm。

d. 孔位之兩面銲盤，爲 EMI 考量，建議作 PTH (Plating Through Hole)處理，作雙面導通。

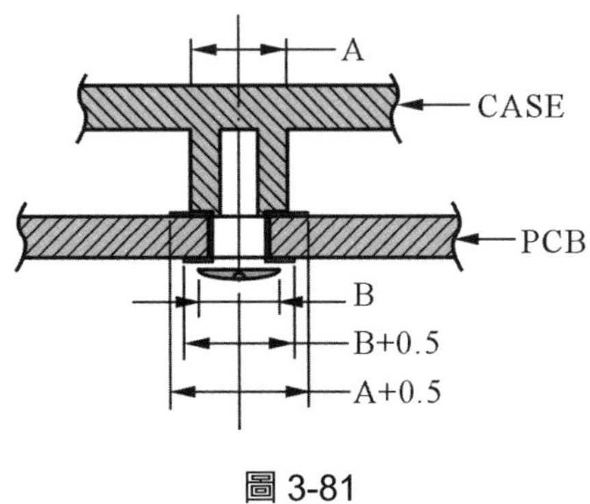

圖 3-81

e. 鎖付孔佈局，以 PCB 固定結構平穩，不能浮翹爲原則；無空間規劃鎖付孔時，亦可利用支架衍生之彈性卡勾固定。

(2) 電子零件如 IC，DRAM，Transformer 等，建構 3D 於 PCB 上佈局。此階段必須與電子工程師討論、協調，以符合線路規劃順暢。

(3) 決定板跟板(Board To Board)訊號連接方式及連接器佈局 B To B 連接方式：

a. 連接器(Connector)對接：

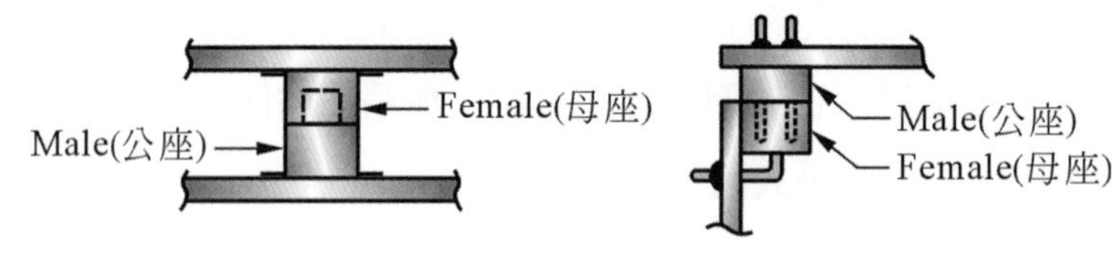

圖 3-82

b. FPC & FFC Cable 連接：

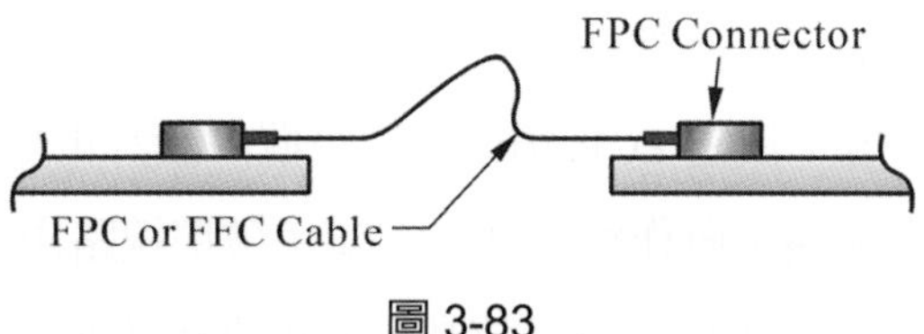

圖 3-83

3.18 FPC(Flexible Print Circuit)軟板製造流程

裁剪 → CNC 鑽孔 → 鍍通孔 → 貼膜 → 曝光 → 顯像 → 蝕刻 → 剝膜 → 熱壓合 → 表面處理 → 測試 → 沖製 → 檢驗 → 組合 → 包裝

3.18.1 FPC 之種類

一、單面板：使用單面板之基材於電路成形後，加上一層覆蓋膜。

二、雙面板：使用雙面板之基材於雙面電路成形後，分別加上一層覆蓋膜。

三、單銅雙做：使用單一純銅於電路成形之前後過程中，雙面表層分別結合不同之覆蓋膜，此時雙面均露出導電部份，稱之單銅雙做。

四、單＋單(Air Gap)：結合兩層單面板，並於折合區域中，以無膠裸空的設計，達到高撓曲要求之目的。

五、多層板：以單面板或雙面板組合，設計爲三層或三層以上電路層。

六、COF(Chip on FPC)：將驅動 IC 晶片及電子零件直接安裝於軟板上。

七、軟硬結合板：分別利用軟板的可撓性及硬板的支撐性，結合成一個多元化的電路板，如圖 3-84 示。

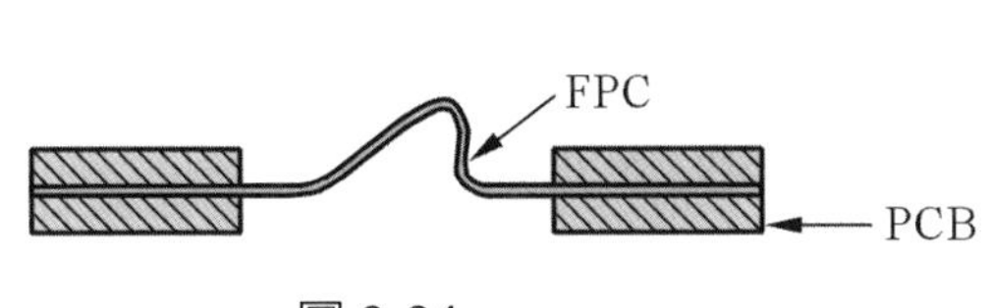

圖 3-84

FPC CABLE 運用

3.18.2 FFC(Flexible Flat Coble)與 FPC 之應用比較

一、FFC 價格遠較 FPC 便宜。

二、FFC 金手指插拔次數比 FPC 來得少。

三、FFC 不可作“COF”單純僅作訊號連接用。

四、FFC 撓曲度比 FPC 差。

五、FFC & FPC 二者皆可作單雙面金手指設計。

六、FFC 僅能作直排線設計(或是折彎 90 度加工)，限制較多。

七、FFC 製程簡單，相對地交期(Lead Time)縮短。

八、FFC & FPC 二者常用 pitch 規格有 0.5，1.0，1.25mm。

註

FPC 可配合 Connector 設計，採 pitch 0.6mm 雙排(前後交錯)。

3.19 Wire Cable 之設計原則

一、依電子線路規格，選用耐電流(Rating)合適 Wire 號數愈小，表耐電流愈佳，但線徑愈粗，如 AWG 24，AWG30……等。

二、依選用 Wire 規格，搭配 pitch 合適之連接器。

三、視內部結構空間利用，選擇 Connector Type，Straight (180°)或是 right-Angle(90°)。

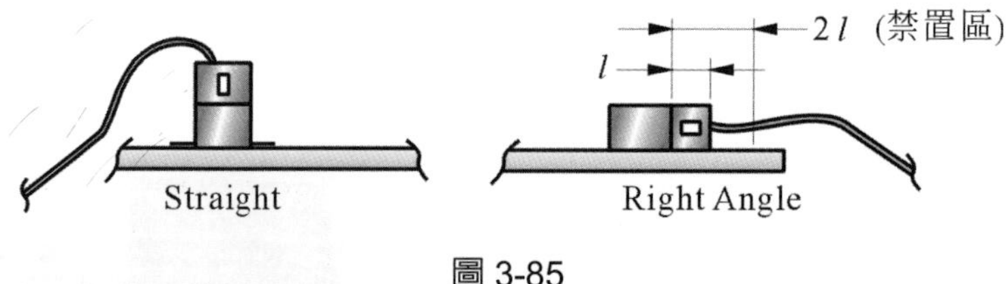

圖 3-85

3.20 如何規劃 PCB 零件限制高度

依機芯細部結構，定出 PCB 不同之零件限高區域(Limitation)。

完整 PCB 機構圖應包含之內容：

一、機構類電子零件，諸如 Connector、Switch、Jack、Socket 之 Layout。

二、全尺寸標註，包括零件佈置中心、外形尺寸、孔中心、材質、板厚。

三、零件限高區域，包括限制零件高度及其範圍尺寸其規劃，原則如下(圖 3-86)：

(1) 相鄰的兩個不同限高區域，較低之區域必須跨越較高區域至少 0.5mm，防止組裝公差造成干涉。

(2) 限高區之零件至少與限高物件保持 0.3mm 間隙。

(3) 板與板之間零件限高，必須分割，限制高度。

(4) 對於弧面之限高物件，必須分割限制區域。

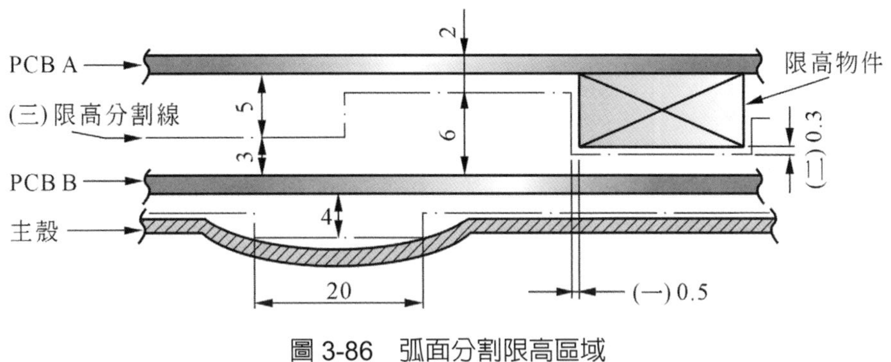

圖 3-86 弧面分割限高區域

3.21 PCB 拼板設計要領

一、拼板之種類：可分爲普通拼板及陰陽拼板二種，如圖 3-87 及 3-88 示：

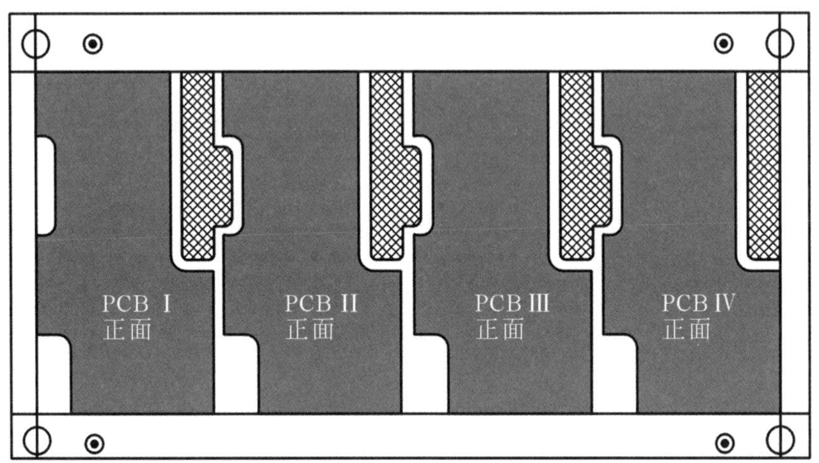

圖 3-87 普通拼板

註

需正反兩面印錫膏鋼板

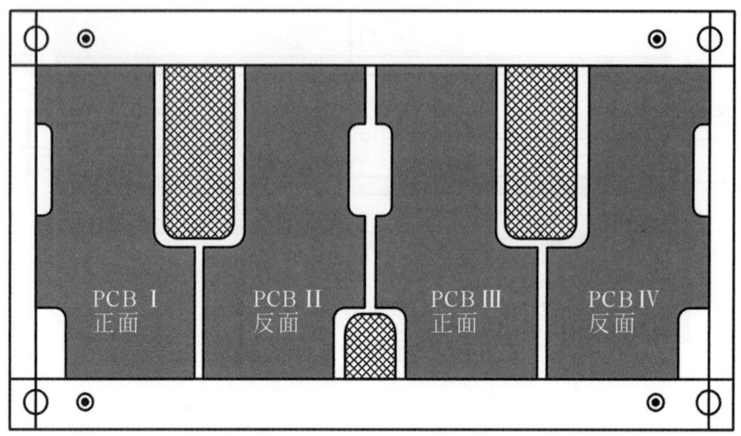

圖 3-88　陰陽拼板

註

1. 正反兩面可共用一塊印錫膏鋼板。
2. 鋼板厚度 ＝0.13mm。

二、拼板邊框的尺寸要求(圖 3-89)：

(1) Mark 點(又稱光學點)，供自動插件校正原點用，單面 4 個點，兩面合計 8 個點，直徑為 1.0mm，位置、大小需完全一致。

(2) 拼板數量依 PCB 面積、材質及厚度而定，一般要求以不少於 4 塊單板為原則，材質較軟或厚度較薄之 PCB，其拼板不宜拼得太大，避免引起變形。

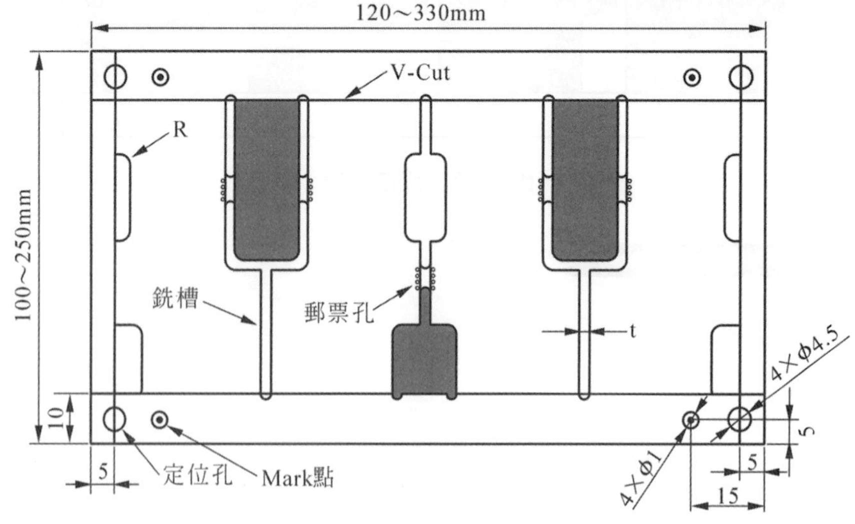

圖 3-89

三、拼板的強度要求：

(1) 爲考慮拼板之強度其諸如銑槽、郵票孔、V-Cut 等製程，必須交叉運用，如圖 3-89 示。

(2) 各項製程之參考尺寸：

a. 槽銑寬度：最佳設計爲 t = 銑刀直徑，此製程稱爲 Routing。

b. PCB 內角：最佳設計爲 R = 銑刀半徑，如內角 R 大於銑刀半徑，則銑刀必須以 CNC 走 R 之路徑。

c. V-Cut (V 形切槽)：此製程之限制爲不能同一直線上分段處理，必須一刀貫穿到底。

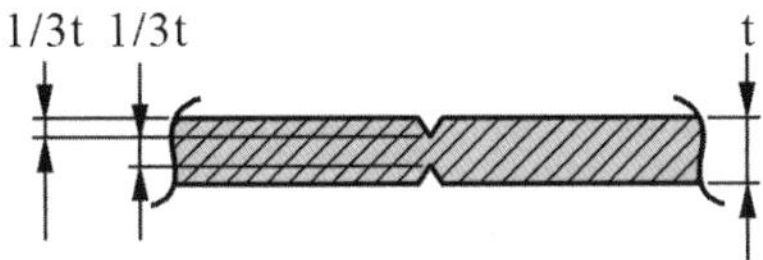

d. 郵票孔：係拼板作局部補強之設計，郵票孔位置線路 layout 時，必須避開。

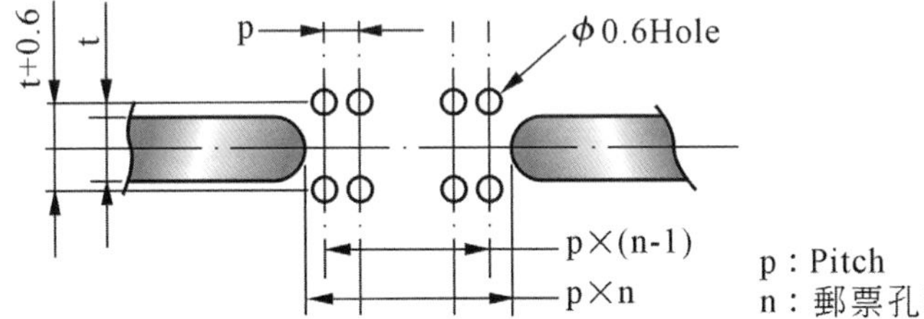

(3) 拼板上 SMT 機，作自動打件製程，要求 PCB 平整度非常高，避免板面翘曲，失去打件精度，應於板下以支撐柱(Supporting)支撐，藉以加強拼板強度。

3.22 雙動門蓋之設計

一、設計要求：

如圖 3-90 示，門蓋爲二片式設計，施力啓開任一片門蓋，會使另一片作動開啓，開啓或關閉狀態，必須有預壓彈力，使門蓋定位。

二、機構作動原理：

沿用前述彈簧式單片門蓋設計，由內部滑動片帶動旋轉盤，再由旋轉盤帶動，另一片門蓋，達到雙動開閉效果。

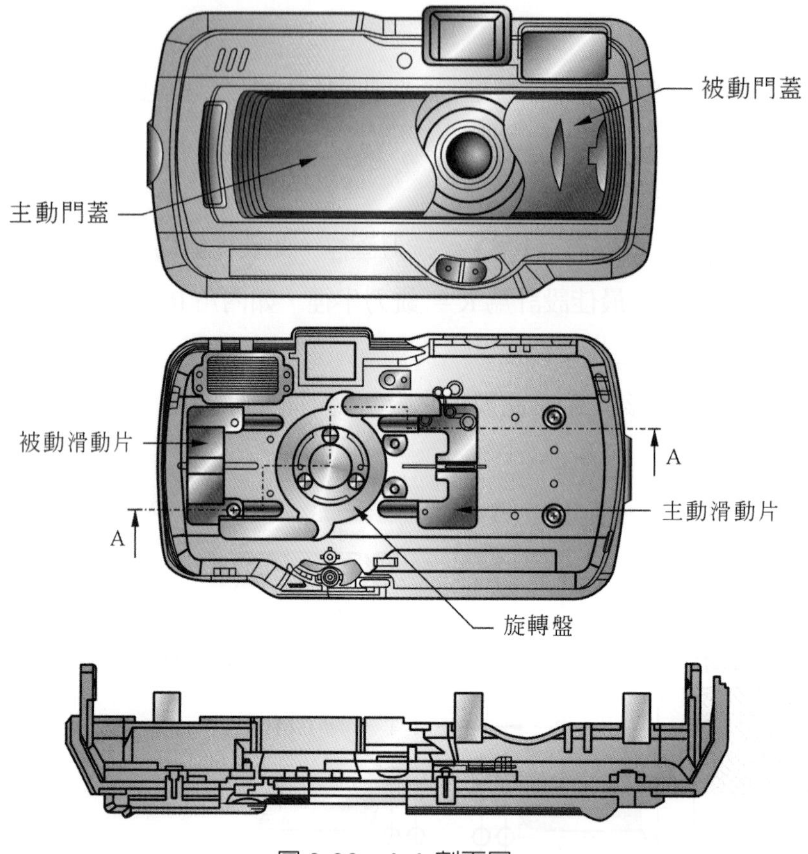

圖 3-90 A-A 剖面圖

三、設計重點：

(1) 兩片門蓋若不等長，應選擇較長門蓋爲施力主動端。

(2) 扭簧一端扣於殼體，一端扣於主動端滑動片上，參考設計尺寸參閱前述 3.10 節彈簧式門蓋之設計。

(3) 旋轉盤爲動件，以圓孔中心爲旋轉中心，必須被限位隱定。

(4) 主動門蓋之外形，應有防滑設計，以便於施力操作。

(5) Power on/off Switch 應被設計於主動端，由滑動片作動來觸動。

(6) 門蓋之“S”形造型有利於門蓋關閉之楔合。

3.23 包含二種不同材料之製程介紹

3.23.1 雙色射出(Double Injection)

可將二種不同的塑膠材質或色彩射出成形為一個雙色的塑膠產品。

一、技術原理：

(1) 射出成形機：雙色射出成形機，其包括二支料管，可分爲立式及臥式二種。

(2) 模具設計：模穴至少爲 2 穴或 4 穴，利用成形機之旋轉盤，作模具旋轉，達到更換料管射料之目的，其模具特色爲公模仁全一致性(形狀)，由母模仁依成品作造型變化，母模通常被固定於固定側，如圖 3-91 示。

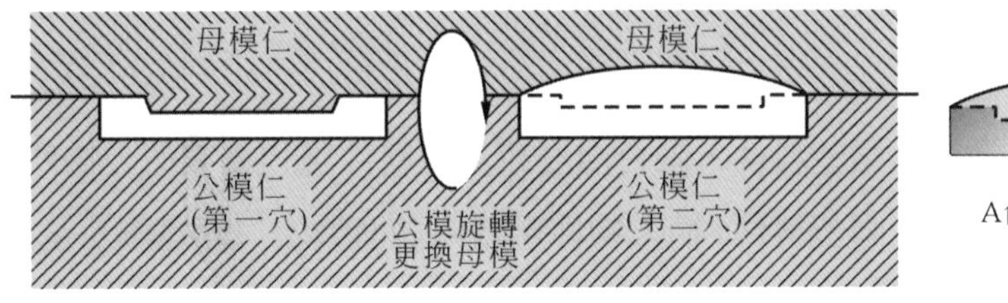

圖 3-91

雙色成形(一)

雙色成形(二)

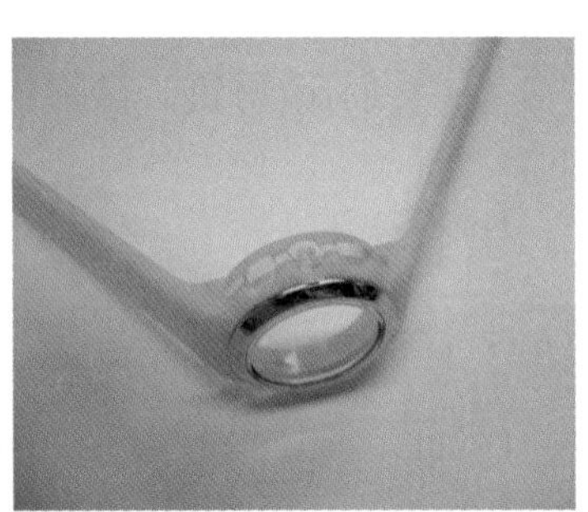

雙色成形(三)

(3) 限制條件：

a. 兩種不同材質塑料，必須具備融合性。

b. 成品設計盡量避免倒勾(Under cut)。

c. 成品、外觀通常不作噴塗處理。

(4) 產品應用：按鍵、外殼飾片，螢幕飾片等。

3.23.2 埋入射出(Insert Molding)

將塑膠金屬、玻璃、導光柱等材料埋入模具後射出結合爲一個多色多料的塑膠產品。

一、設計注意事項：

(1) 將植入物件置於模穴內，必須穩固，諸如利用定位孔或物件外形定位，使用立式成形機，可防止因關模震動而使物件彈出，使模仁損傷。

(2) 不能相互融合之兩料件，必須有相互包覆或倒扣設計，如圖 3-92 示。

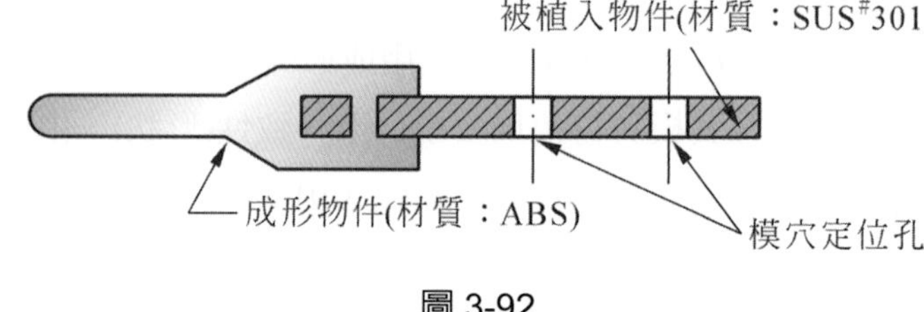

圖 3-92

(3) 材質能夠相互融合之兩塑料件，融合溫度較高之料件應列爲被植入物件。

(4) 材質不能相互融合之兩塑料件，植入物件可藉由表面噴塗“介媒劑”達到相互融合之效果，實例流程如下：

植入件射出(材質：PC) → 表面噴塗介媒劑 → 植入件置入模穴 → 第二種塑料射出(材質：橡膠) → 後加工處理。

埋入射出實例

3.23.3 軟硬膠射出(Overmolding)

將 TPE，TPU，TPR 等軟膠包覆於硬膠之外，結合成一個多色多料的塑膠產品，以防滑及增加手感。

3.23.4 模內裝飾片植入射出(In-Mold-Decoration，IMD)

模內裝飾(IMD)是一種新的自動化生產技術，能夠減化生產步驟和減少拆件組成部件，節省生產工時及成本。

模內裝飾(IMD)可以取代很多傳統的製程，如熱轉印、噴塗、印刷、電鍍等外觀裝飾方法，其適用於 3C、家電、LOGO 銘板，手機飾板等產品，只要是於射出模具內裝飾的工法，皆屬 IMD 範疇，依細部工法可分下列幾種：

類別	規格特色	應用產品	備註
1. IMF (In-Mold-Forming)	· 預先 3D 拉伸成形 · 可結合雙料及絨布、皮革仿眞材質等	· 平面及立體外殼 · 面板視窗	
2. IMR (In-Mold-Roller)	· 使用送箔機 · 印刷薄膜與塑材成形後 Film 自動撕離成品	· 面板視窗	技術目前仍掌握在日本人手中
3. IML	· 平面產品或大弧面 · 可結合雙料及絨布皮革仿眞材質等……	面板 視窗 瓶罐	

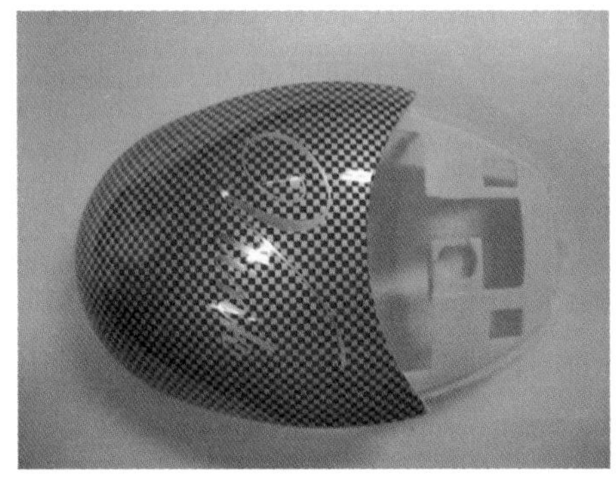

模內飾片植入射出實例

一、IMD 生產流程圖：

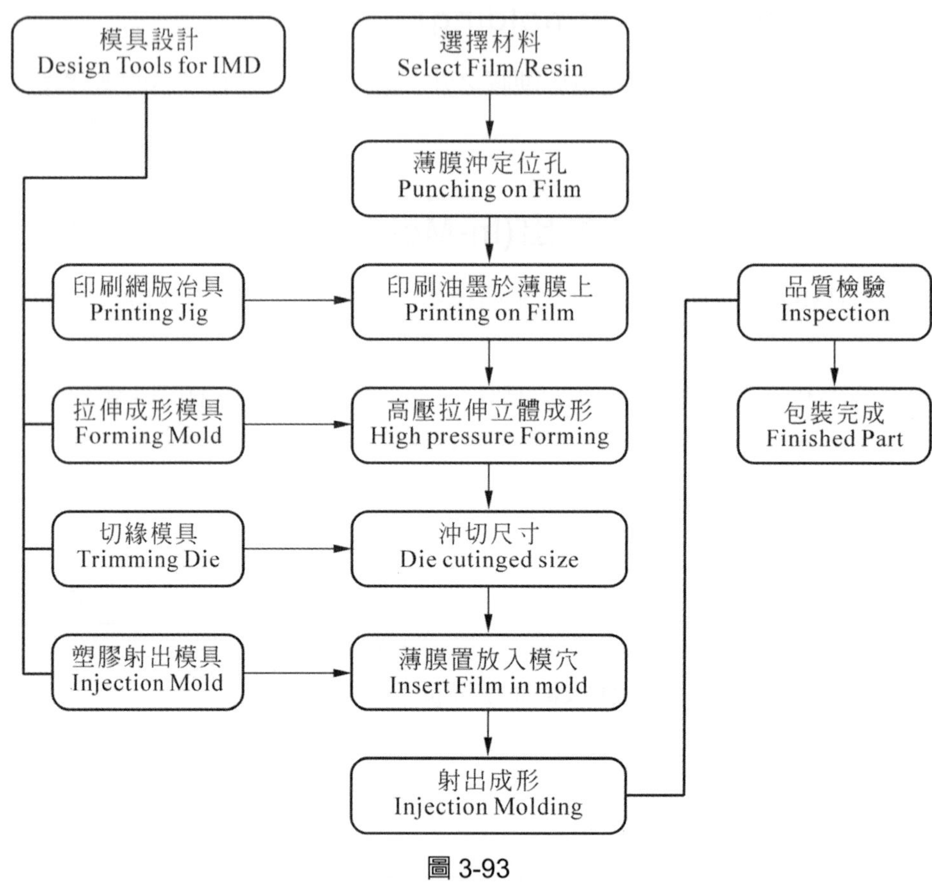

圖 3-93

二、IMD 的優勢：

(1) 產品外觀面具有良好的耐磨性與耐刮度。

(2) 複雜的外觀圖像可輕易完成，並確保一致性，其他技術無法達到。

(3) 顏色多變化，可大量生產，可印刷四種以上不同顏色及印刷金屬電鍍油墨。

(4) 多種外觀圖像變化，不需另外開模，大幅節省成本。

(5) 一體成形免除以往分色拆件，加速設計開發進度。

(6) 高度彩色對比，且塑件產品可透光，保持視窗導光性功能。

(7) 耐久性特佳，表面印刷具彈性，提供產品極佳的耐化學品特性。

註

*註：圖像是印刷於薄膜裏面。

(8) 塑膠料與薄膜可以回收再行利用。

(9) 去除二次作業程序及其人力工時，降低系統成本與減少庫存。

(10) 可以達到精度要求，且快速自動化大量生產。

三、設計建議事項：

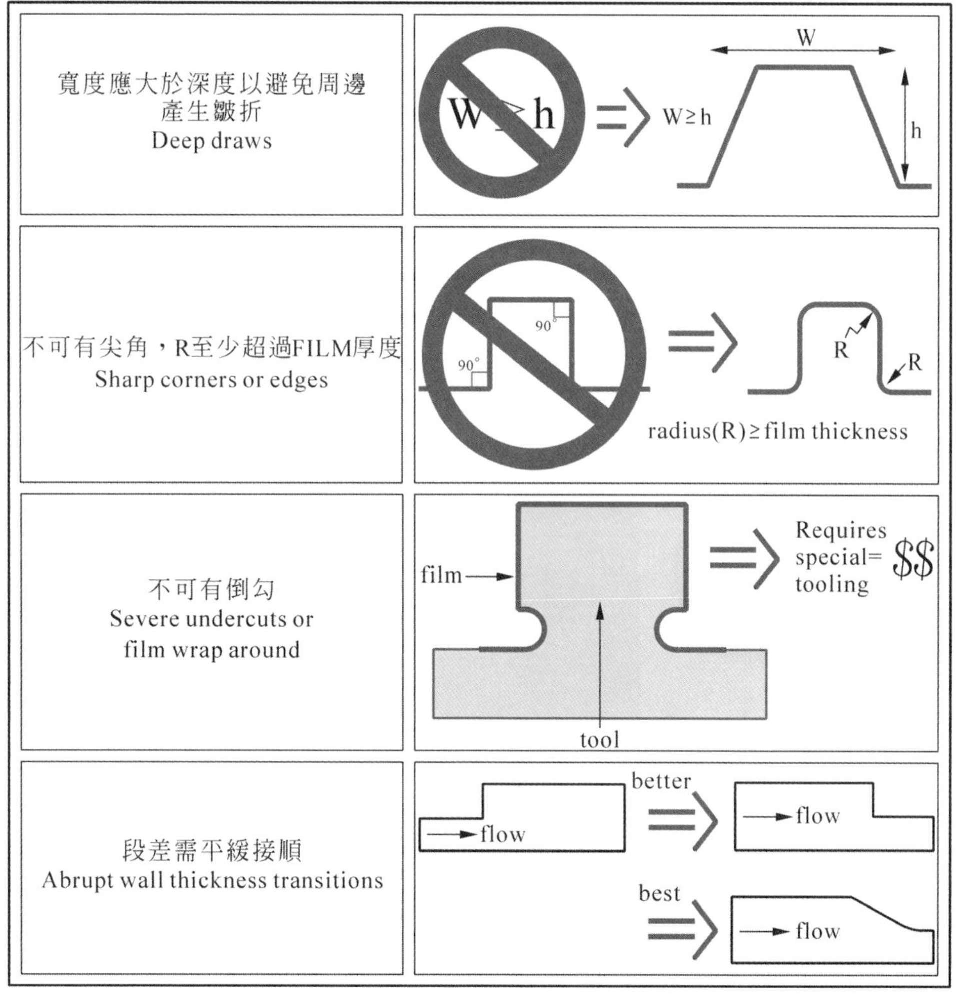

四、IMD 與其他技術差異性比較表：

比較項目(Requirement)	噴塗(Painting)	熱轉印 (Heat Transfer)	IMD
1. 3D 立體(3-Dimensional)	×	○	○
2. 耐刮性(Scratch resistance)	×	×	○
3. 背光效果(Backlight Technology)	×	×	○
4. 解析度(Graphic Resolution)	○	○	○
5. 著色效果(Effect Pigmentation)	×	×	○
6. 製程自動化(Process Automation)	×	○	○
7. 製程速度(Process Speed)	×	○	○
8. 小量生產(Small Production)	○	×	○

3.23.5 LOGO 銘板應用實例

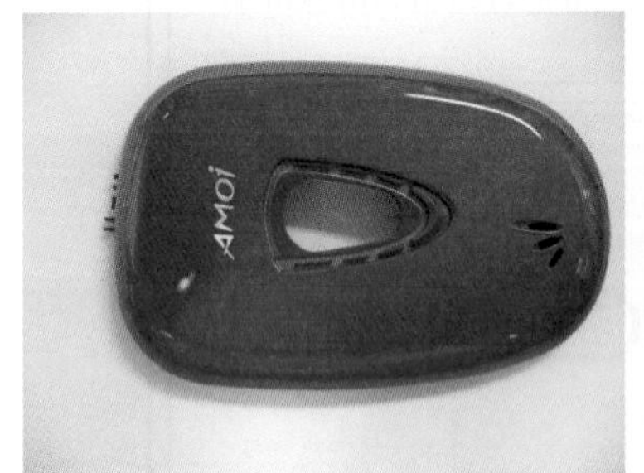

表面凹字燙金

熱轉印電鑄薄膜銘板

POLY 充填銘板

3.24 旋轉式 LCD 模組及轉軸扭力之計算

旋轉式轉軸結構應用於消費性電子產品甚多，諸如筆記型電腦(Notebook)、PDA、數位相機(DSC)、數位攝影機(DV)、手機(Handcell)等，其轉軸扭力值運用是否恰當，攸關產品之旋轉壽命，因此更顯重要，其設計重點僅略述如下：

一、 單軸旋轉式：轉軸僅作單一方向旋轉如圖 3-94 示：

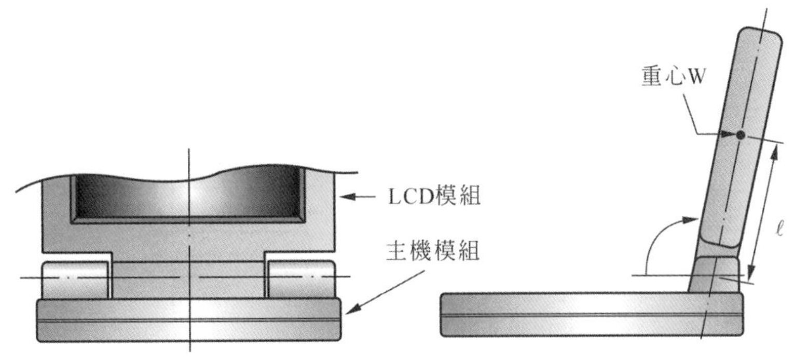

圖 3-94

W = LCD 模組重量

ℓ = LCD 模組重心到轉軸中心距離

T = 轉軸扭力設計值

1kgf-cm = 9.8N-cm(牛頓－公分)

公式：$T = W \times \ell$ (kgf-cm)

計算實例：

問題： 擬設計乙台 15 吋 LCD 筆記型電腦，使用 2 組單軸向轉軸，LCD 模組實測重量為 450gf，其重心距轉軸中心 125mm，試計算轉軸扭力之設計值。

解答： W = 450gf = 0.45kgf

ℓ = 125mm = 12.5cm

T(Torque) = $W \times \ell = 0.45 \times 12.5 = 5.625$ (kgf-cm) 總扭力承受值

因使用 2 組轉軸組，因此單轉軸組扭力設計值

= $5.625 \div 2$

= 2.81(kgf-cm) = 27.5N-cm — 最低扭力值

考慮轉軸組經過壽命(搖擺)測試其扭力值會隨著測試次數增加而逐漸衰減，一般規格訂定扭力衰減值 ≤ 20%。

因此實際扭力設計值 = 最低扭力值×(1 + 20%)

= 2.81×1.2

= 3.37(kgf-cm) = 33N-cm —— 設計扭力值

二、雙軸旋轉式：轉軸作 2 條軸線作旋轉動作：

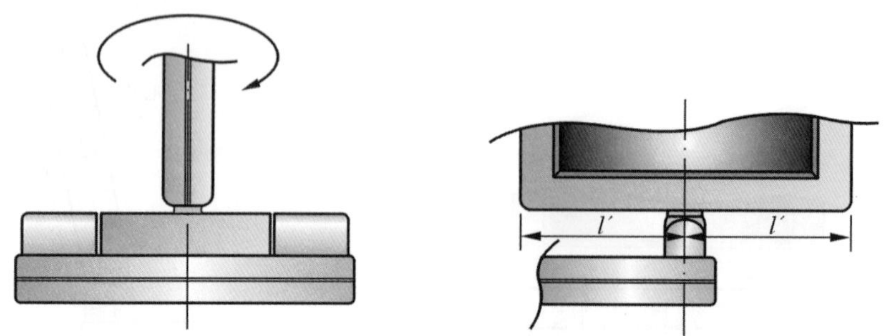

計算實例：

問題：條件同上例之筆記型電腦，寬度尺寸為 340mm，試計算水平軸向旋轉軸扭力之設計值。

解答：W = 450g = 0.45kg

ℓ′ = 340mm/2 = 170mm = 17cm

T (水平 Torgue) = W×ℓ′ = 0.45×17 = 7.65(kgf-cm) —— 最低扭力值

考慮轉軸扭力衰減值 ≤20%

實際扭力設計值 = 最低扭力值×(1+20%)

= 7.65×1.2

= 9.18(kgf-cm)≑90N-cm

3.25 常用之轉軸結構介紹

3.25.1 一字形單轉軸

如圖 3-95 示，係利用兩獨立件，作斜錐緊密配合，其扭力值隨轉軸直徑成正比，適用於 Notebook、PDA、電子辭典等產品。

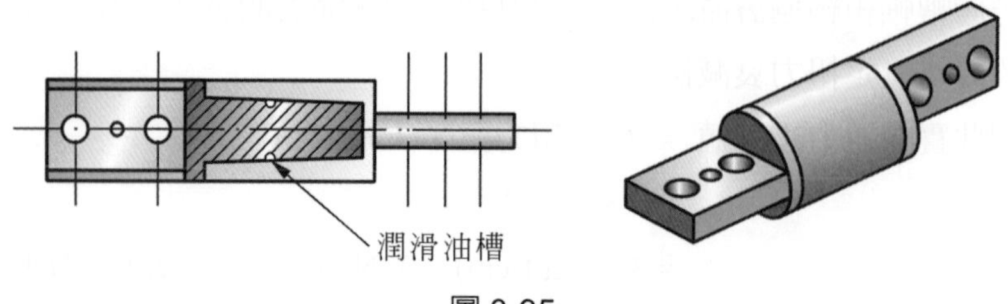

圖 3-95

一、結構應用：

(1) 內部固定式：轉軸預先與主殼鎖付固定 LCD 模組後套入組裝(圖 3-96)。

優點：省略轉軸蓋零件。

缺點：LCD 模組拆裝不方便。

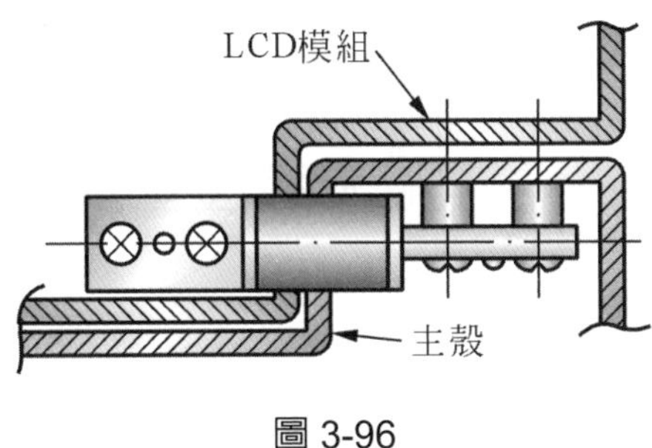

圖 3-96

(2) 外部固定式：轉軸預先與 LCD 模組鎖付固定整個 LCD 模組，再與主殼作系統組裝(圖 3-97)。

優點：a. LCD 與主機模組可個別預先組立。

b. LCD 模組拆裝方便，維修容易。

缺點：必須追加轉軸蓋，以掩飾轉軸鎖付螺絲。

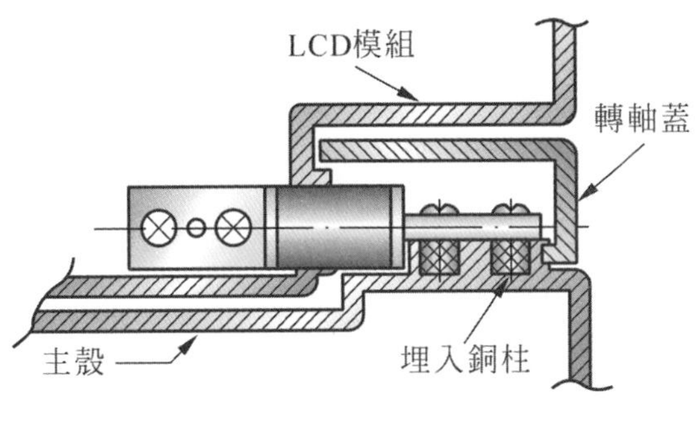

圖 3-97

3.25.2 凸輪盤單轉軸

結構如圖 3-98 示係利用一組金屬材凸輪盤作旋轉絞合動作。

一、側向插入式：由主殼雙“D”側孔插入，利用前端卡扣，扣住 LCD 模組，此種形式稱為 One Stop Hinge，LCD 模組闔上時，具有預壓閉合力為其功能特性，適用於手機 PDA 扭力值需求較小之電子產品。

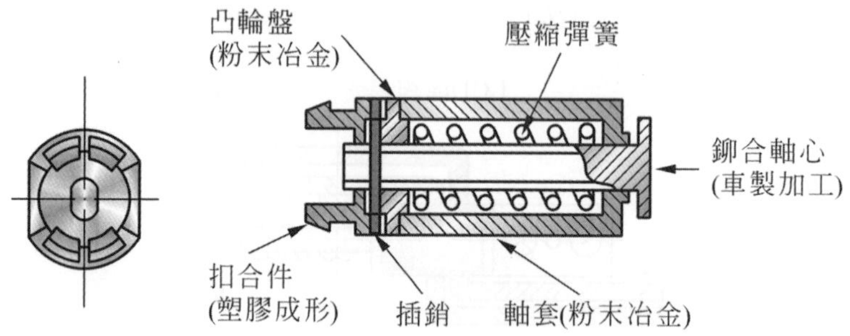

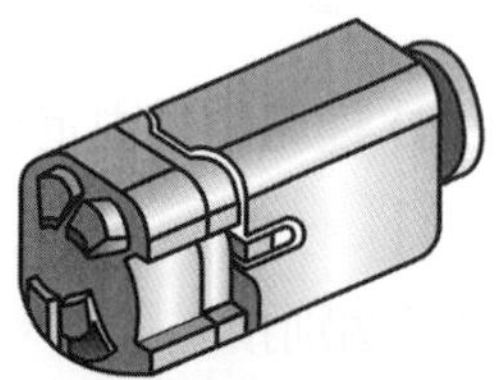

圖 3-98

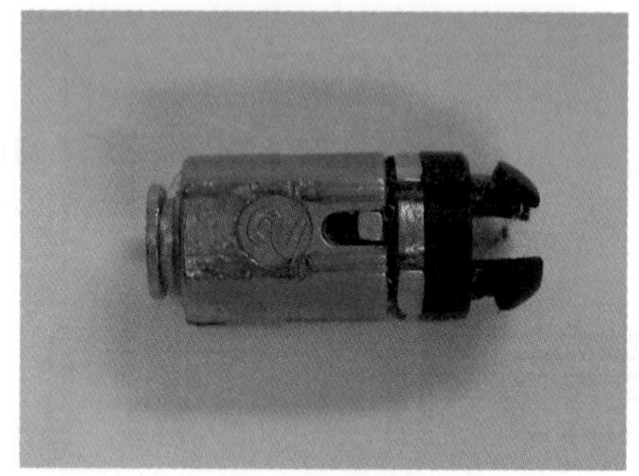

側向單轉軸

優點：a.　LCD 模組可獨立預先組裝。

　　　b.　轉軸組裝方面。

缺點：a.　維修 LCD 模組，側轉軸拆卸困難，務必拆主殼。

　　　b.　側轉軸雙 D 配合尺寸，模具需有較高之精度要求。

　　　c.　必須追加側轉軸蓋，以掩飾側轉軸末端外露。

※ **設計要求重點：**

(1) LCD 模組作旋轉動作時，不得有虛位(空行程)存在。

(2) 旋轉定位時，避免殼體碰撞，產生外觀瑕疵或刮漆現象，可追加防碰墊保護，材質以 rubber, silicone，PU 為最佳選擇。

(3) LCD 模組闔上，必須有適當之閉合力，基本要求為產品倒置，LCD 模組不能垂下鬆脫與主殼產生間隙，如圖 3-99 示。

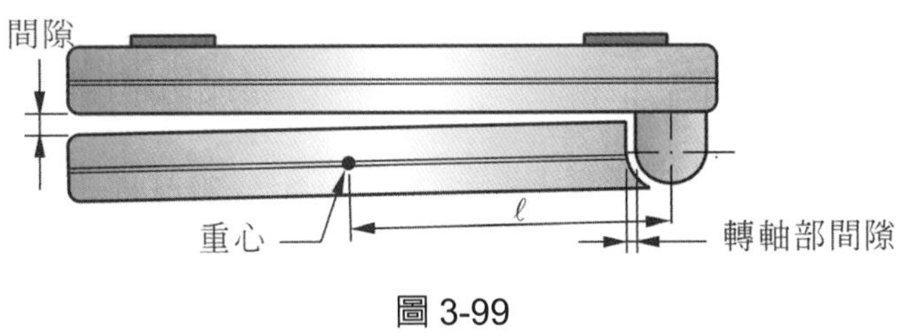

圖 3-99

轉軸閉合力＞LCD 模組重量(W)×ℓ

(4) 轉軸部如上圖示合理的配合間隙。

二、軸套壓縮式：結構如圖 3-100 示，預先將此軸套組裝於 LCD 模組，施力將軸套壓入，再與主殼作結合。

優點：LCD 與主機模組可個別預先組立。

缺點：(1) LCD 模組與主機結合為斜角套入軸套，LCD 模組與主殼的配合間隙要求較大。

(2) 壓縮式軸套組裝時，較易傷及殼體外觀。

(3) LCD 模組維修困難。

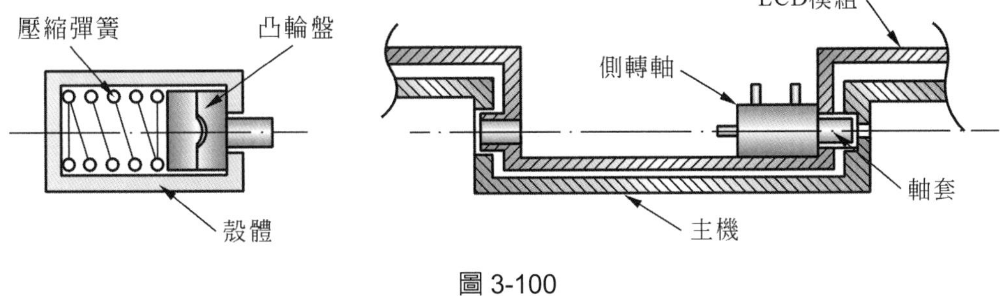

圖 3-100

3.25.3 雙軸向轉軸

雙軸向轉軸結構方式種類繁多，各家轉軸專業製造廠亦擁有自家申請之專利權，以下僅就日本專業廠 Strawberry 其中一款型式作結構介紹如圖 3-101。

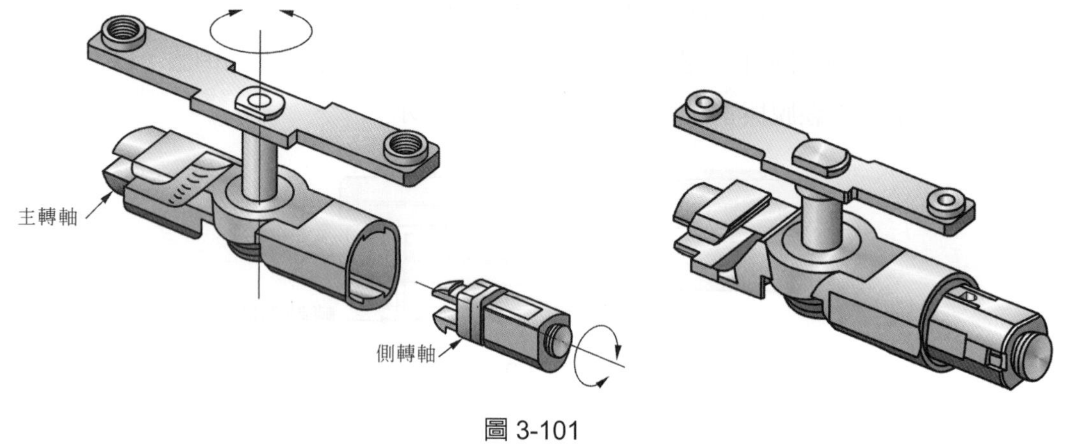

圖 3-101

一、結構應用(參考如圖 3-102 示)：

(1) 主轉軸懸轉臂套入 LCD 模組，上螺絲鎖付固定。

(2) 轉軸蓋(上／下)套入主轉軸結合側卡勾固定一側螺絲鎖付。

(3) LCD 模組套入主殼一側軸孔，套入訊號線軸套，另一側插入側轉軸。

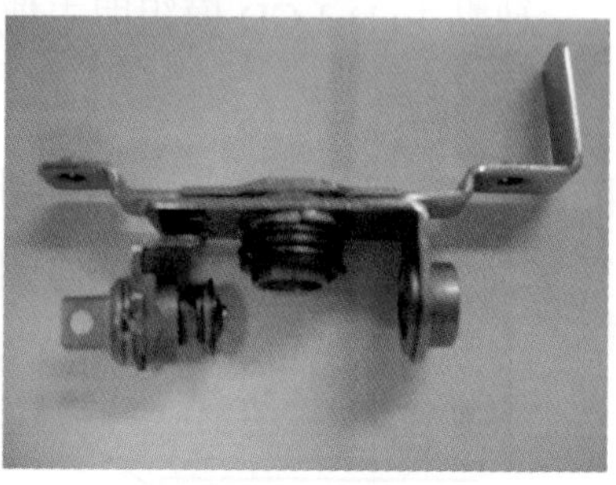

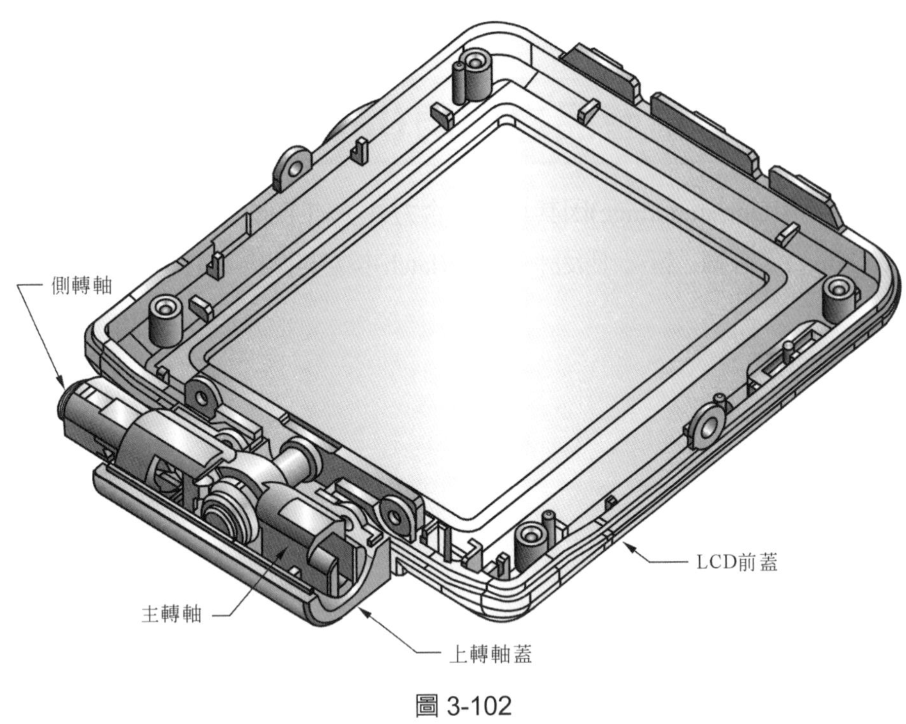

圖 3-102

二、產品壽命測試規格要求：

產品別	開閉測試	旋轉測試	扭力衰減值
(1) 手機	100,000 次	100,000 次	30%
(2) 數位相機	20,000 次	20,000 次	15%
(3) 筆記型電腦	15,000 次	15,000 次	15%

註

1. 上表爲一般業界測試規格標準，如客戶另有特殊規格及軍規品，則不在此限。
2. 測試次數係指來回循環計算爲一次。
3. 產品壽命測試應包含主機全功能測試、訊號線之耐磨性，設計時應被慎重考慮。
4. 採用客製(Supplier make)轉軸時，應審慎其各項規格是否合乎產品需求。

3.26 應用轉軸產品之門閂(latch)設計

除凸輪盤結構(One stop hinge)因其具備閉合力外，如手機、PDA，其他利用磨擦力結構(Free stop hinge)之轉軸，皆必須設計一門閂(latch)按鍵開關，扣住 LCD 顯示幕模組，以保護螢幕。

一、原生彈性臂結構：

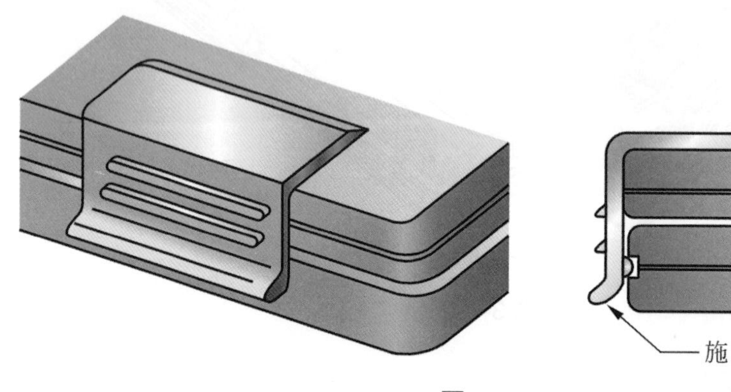

圖 3-103

二、壓縮彈簧結構：

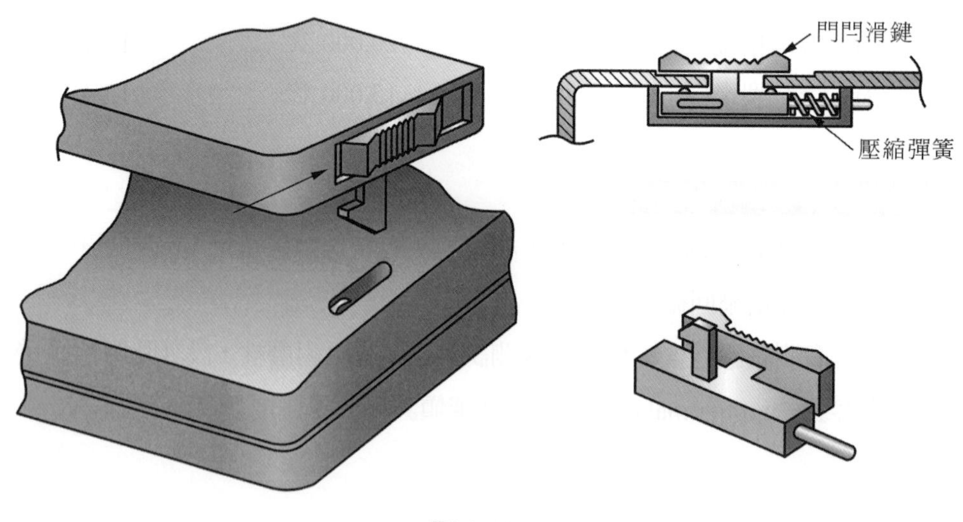

圖 3-104

三、壓縮簧片結構：

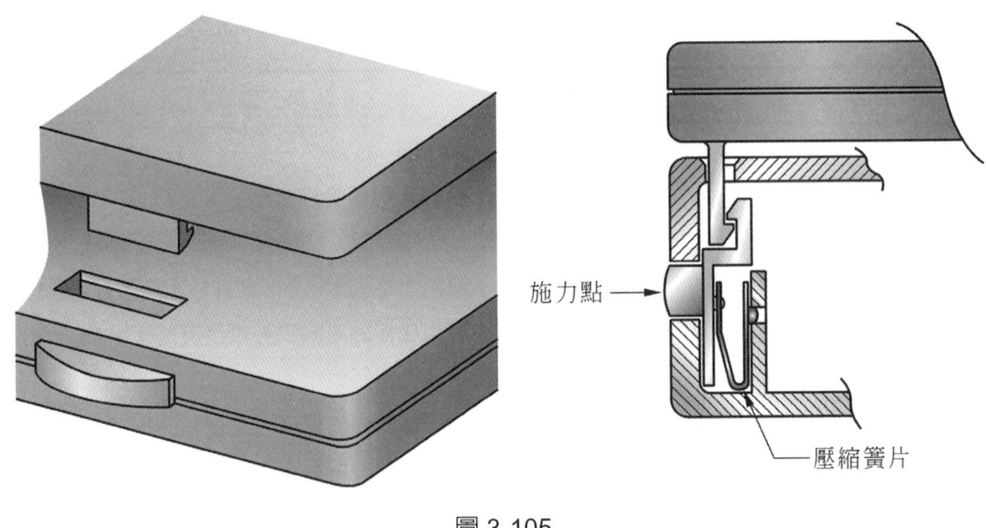

圖 3-105

四、原生卡勾+隱藏式卡勾：

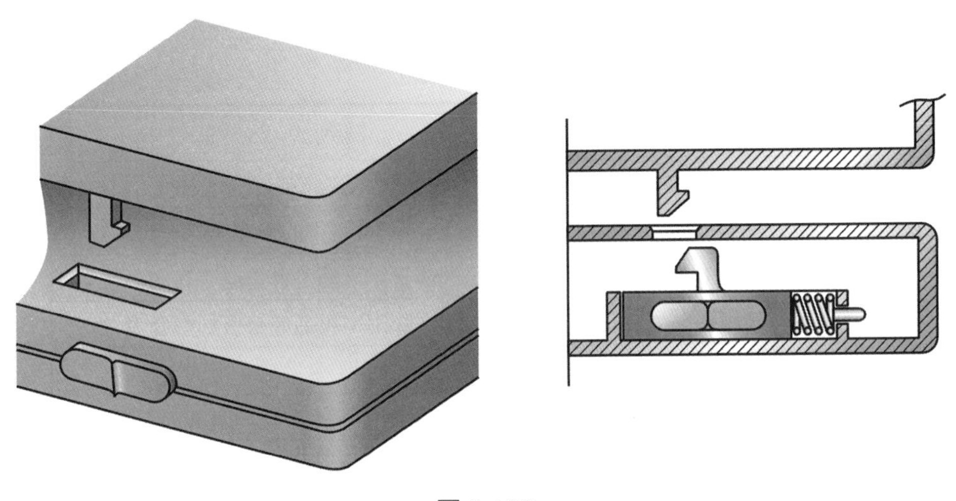

圖 3-106

3.27 一種防水裝置之結構設計

電子產品諸如手錶、相機、手提音響，應用於水上活動的使用環境日益普遍，甚者更能攜帶作潛水活動，因此產品必須做完善的防滲水保護，達到產品正常功能之操作。

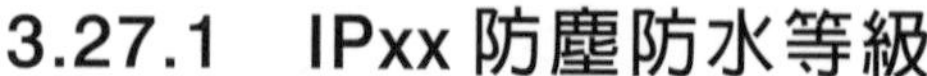

3.27.1 IPxx 防塵防水等級

防塵等級(第一個 x 表示)	防水等級(第二個 x 表示)
0：沒有保護	0：沒有保護
1：防止大的固體侵入	1：水滴滴入到外殼無影響
2：防止中等大小的固體侵入	2：當外殼傾斜到 15°時，水滴滴到外殼無影響
3：防止小固體進入侵入	3：水或雨水從 60°角，落到外殼上無影響
4：防止物體大於 1mm 的固體進入	4：液體由任何方向潑到外殼沒有傷害影響
5：防止有害的粉塵堆積	5：用水沖洗無任何傷害
6：完全防止粉塵進入	6：可用於船艙內的環境
	7：可於短時間內耐浸水(1mm)
	8：於一定壓力下長時間浸水

範例：如產品標示，IP_{65}，表示產品可以完全防止粉塵進入及可用水沖洗，無任何傷害。

3.27.2 日本工業規格(JIS)保護等級

保護等級	種類	說明
0	－	無保護之物
1	防滴 I 形	垂直方向落下之水滴不會有害的影響者
2	防滴 II 形	垂直 15 度的範圍落下之水滴不會造成有害的影響者
3	防雨形	垂直 60 度的範圍之降雨不會造成有害的影響者
4	防濺形	從任何方向來的水滴濺到不會造成有害的影響者
5	防噴流形	從任何方向來的水直接噴流不會造成有害的影響者
6	耐水形	從任何方向來的水直接噴流不會進入內部者
7	防浸形	特定條件下浸入水中而水不會進入內部者
8	水中形	浸入指定壓力的水中可以正常使用者
－	防濕形	相對濕度 90%以上的濕氣中可以使用者

3.27.3 防水殼基本結構

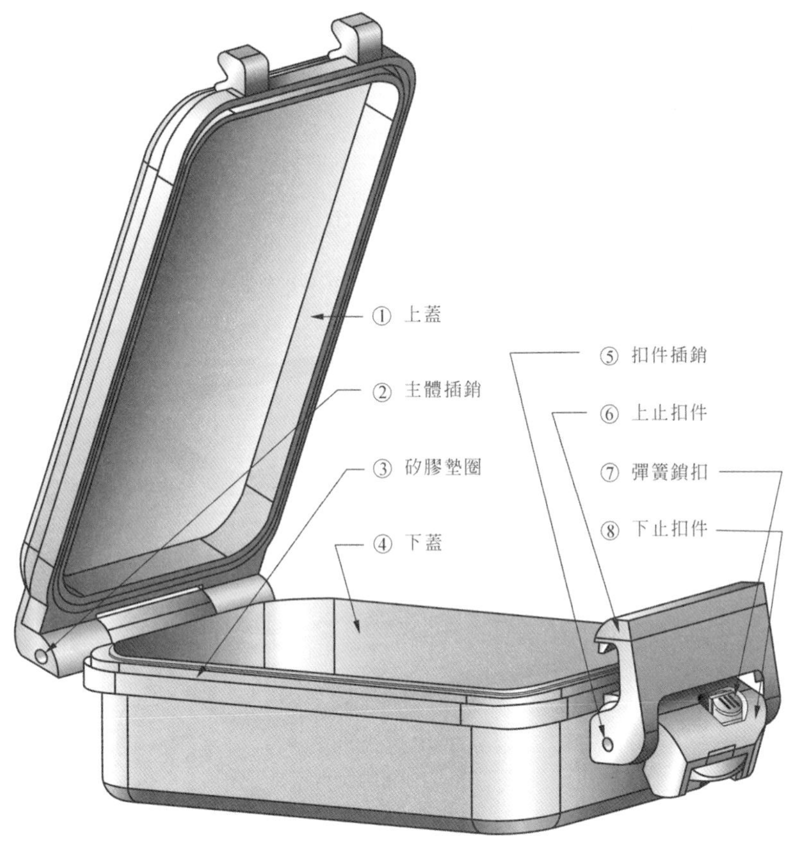

圖 3-107

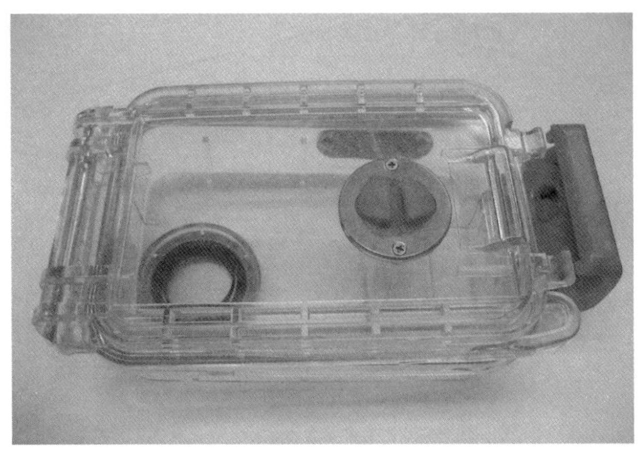

3.27.4 防水殼組立

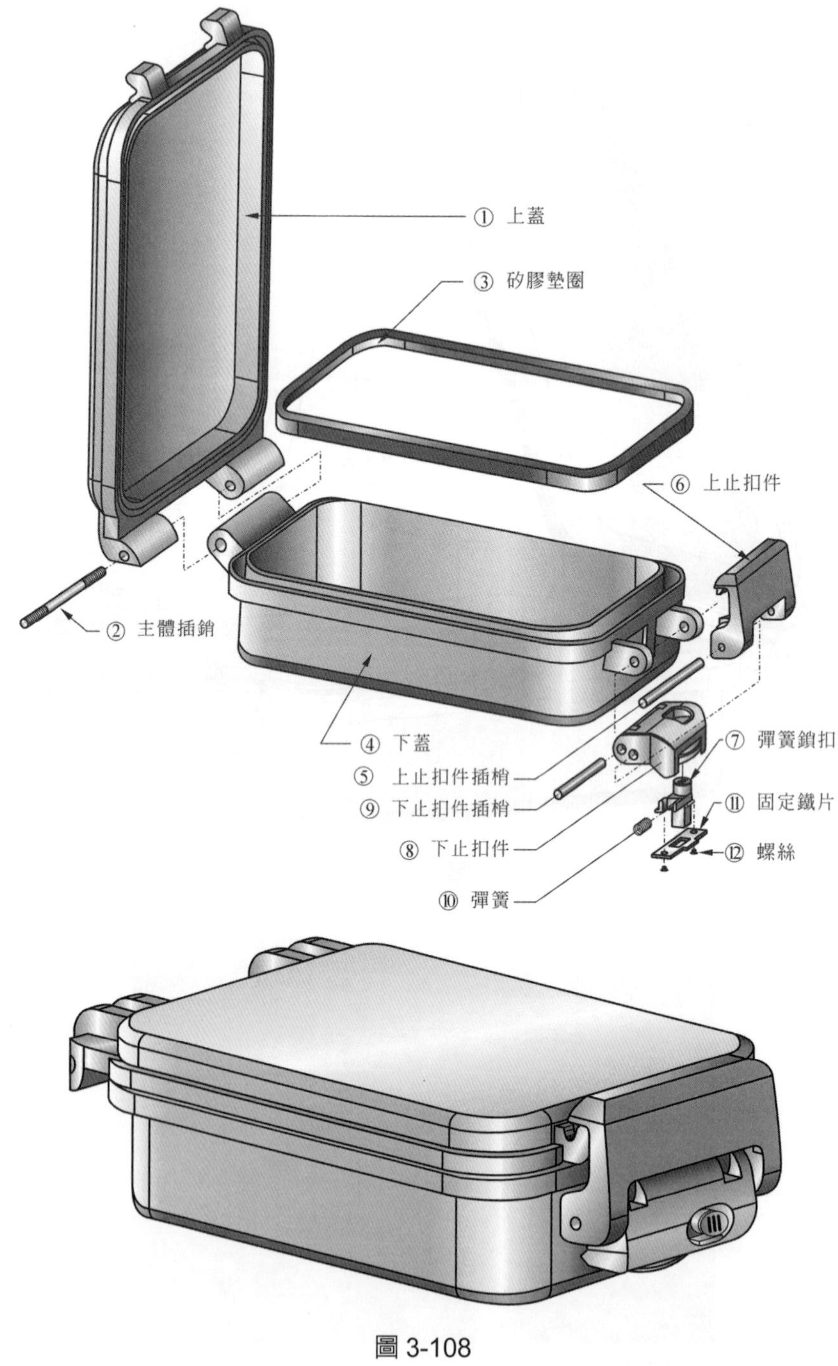

圖 3-108

3.27.5　設計原理

利用二段式旋轉軸，由下止扣件帶上止扣件，扣住上蓋扣耳，並使上蓋壓縮矽膠墊圈，達到防水之目的。

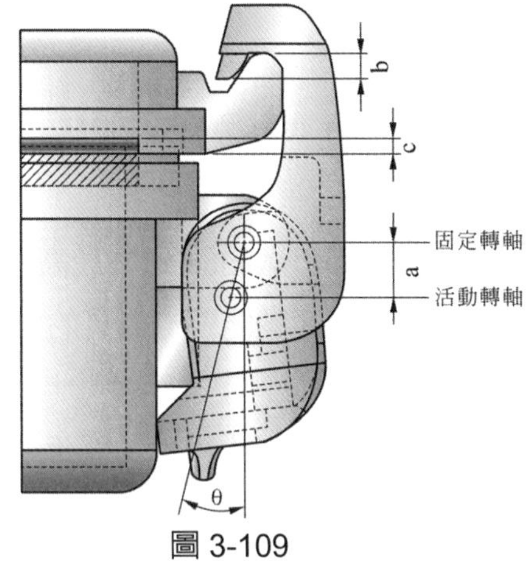

圖 3-109

θ：活動軸扳至定位後與固定軸形成之夾角，其設計目的為避免下止扣件因壓縮矽膠圈產生之抗力而鬆脫

c：矽膠墊圈之壓縮量

a：活動轉軸之旋轉半徑

b：上止扣件與上蓋扣耳之扣合量

建議設計值：θ=10°~15°

c=0.5mm

a 通常 ＞b

3.28　喇叭音箱的設計

一、單體的特性：

喇叭單體是由紙盒、磁鐵、線圈等材質組成，其各項材質零件對單體的特性曲線及品質好壞都有重要的影響，如果光以喇叭外表的振膜材質及單體尺寸，判斷其音色的好壞，事實上這是非常錯誤的觀念，例如，二支皆採相同紙盒，但尺寸不同的低音單體，並非以尺寸較大的單體就能獲得較多的低音頻特性，因為可能尺寸較小的單體其內部採用較大的磁鐵，擁有較高的磁束密度，因此能比尺寸大的單體有更好的低頻特性。

(1) 高音單體：

a. 結構分類：

1. 前振膜式：為一般喇叭所採用，將振膜直接置於前方，可看見振膜材質其發聲是將聲音直接經振膜振盪後，釋放至空氣中。

2. 後振膜壓縮式：

將振膜直接置於後方，其發聲方式是將振膜振盪出的聲音經由壓縮導管，將聲音予以擠壓使聲音能均勻擴散至空氣中，採用壓縮式高音號角的喇叭能獲得較佳之中音，較厚實之人聲。

b. 內部材質：

1. 振膜：藉由推動振膜的快慢，來產生高低頻率，包括鋁絲帶、陶瓷蠶絲、鈦、鈹等，以鈹的材質為最輕。

2. 磁鐵：包括 Alnico(鋁鎳鈷天然磁鐵)、釹、鐵氧體，而以 Alnico 磁力最高，釹其次，鐵最低；磁束密度(磁力)愈高，控制力愈佳，越能獲得眞實的聲音。

3. 線圈：以金屬線依圓周方式纏繞，其經由電流的導通而產生極性，再藉由與磁鐵的相吸和相斥，來推動振膜面發出聲音，一般採鋁扁線為最佳，效率最高。

(2) 低音單體：

內部結構如圖示：

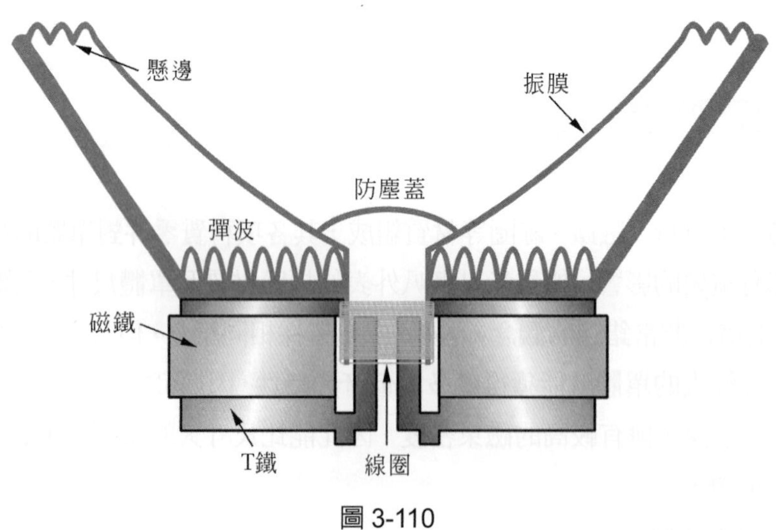

圖 3-110

a. 振膜：以相同材質而言，較大尺寸的振膜能獲得較佳的低頻響應，其材質包括紙(紙與玻璃纖維混合)、PP、Kevlar、鋁等以紙的低頻特性較佳，為百萬元級以上喇叭單體採用。

b. 懸邊：將紙盒與框架相互結合，其材質會影響單體的低頻響應，一般材質包括海棉邊、橡膠邊、布邊(W 形及 M 形)。

1. 海棉邊：雖能獲得較多低頻，但其速度慢、控制力差，且容易受氣候潮濕而損壞，壽命最短。
2. 橡膠邊：亦能獲得較多低頻，與海棉邊一樣，速度感及控制力較差，但使用壽命較長。
3. 布邊：能獲得較佳的速度與控制力，且使用 W 形布邊會比 M 形的低頻來得更好，使用壽命最長。

c. T 鐵：主要在支撐磁鐵與線圈的位置，其散熱孔的設計影響單體散熱的程度，磁鐵與 T 鐵的間隙則會影響單體的效率。

d. 磁鐵和線圈：使用材質和高音單體相近。

二、音箱結構的設計：

音箱的結構，對於喇叭的整體效率，音色取向皆有重大的影響。

(1) 家用音箱結構：

a. 反射式音箱：爲最多的設計方式，當單體振膜發聲時，其聲音打到後板所反彈的聲波，藉由反射導管，將反相的聲波傳遞出來，而其反射孔的大小與導管的長度，皆會影響低頻的延伸。

b. 密閉式音箱：其音箱完全採密閉式，雖然能獲得不錯的低頻音色，但是此設計會大幅降低喇叭的效率，若要獲得良好的控制力，就必須採用超大功率來推動，否則其低頻的速度感，會有遲頓的現象。

c. 背輻式音箱：屬於密閉式音箱一種，主要多增加一支，只有振膜的單體(稱爲背輻式低音單體)。當低音振動發聲時，藉由空氣來推動背蝠式振膜，以增加低頻的延伸，但有效率低及速度慢的缺點。

d. 等壓式音箱：能增加低頻的能量，但密閉式的設計會造成效率較低，且當兩支單體同時發聲時，若聲音有不同步的問題產生，也會影響喇叭的暫態反應。

e. 傳輸式音箱：藉由較長的傳輸管道來增加低頻的延伸，但過長的管道會導致低頻速度慢。

(2) 專業用音箱結構：

a. 反射式音箱：其設計原理同家用的反射式音箱。

b. 號角式音箱：利用號角擴散性佳的特色，先將低音予以擠壓，再經由號角的擺盪，能將聲音傳送較遠處。一般應用於戶外的大型演唱會上，使後方的觀眾也能感受低音，缺點為低音延伸較差。

c. 被負載號筒式音箱：在音箱內部擁有傳輸管道，以增加低頻延伸，再由號筒將聲音打出去，此號角式音箱能獲得較多的低頻，且亦能將聲音，傳送至更遠處。

d. 耦合(壓縮)式音箱：為兩支單體面對面，當單體發聲時，藉由相互擠壓產生更低頻率。此外，由於兩支單體，皆鎖在音箱裏，因此必須有開口設計在兩支單體的中間。

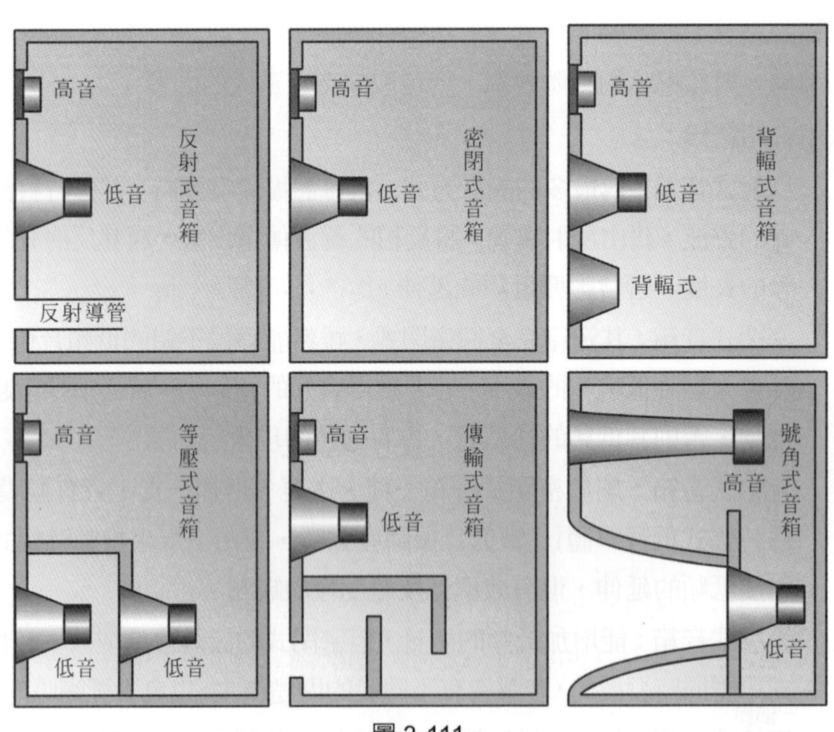

圖 3-111

三、音箱材質的選擇：

音箱板材必須視其單體的特性來選擇適用的板材，例如單體本身在低頻的能量較不足時，便必須採用“質輕而堅”之板材，使單體容易藉由音箱共鳴，發出較多量的低頻來補足單體的缺點，因此不是板材薄的喇叭就一定差，硬的像石頭的聲音就是最好。

(1) 原木(非合成木)：

未經處理的木板，其密度爲非均衡的質材，除非原木能夠在初始加工處理時即得到極爲精密的控制與要求。

(2) 合成木：

先將木材以化學藥劑處理，使其有防水或防蛀等功效，再由高壓處理完成，例如，甘蔗板(易因潮溼而損壞)，密集板(MDF)，夾板防水夾板(具防潮處理)及鋼琴用夾層響板(質堅且密度最高)。合成木本身的密度非常均勻，品質也相當一致，且在聲音共鳴的特性上，也非常得好，因此對喇叭系統的開發及量產較容易掌控。

四、分音器的設計：

分音器完全決定喇叭聲音的走向，在家用的領域上，分音器的設計是儘可能使喇叭擁有最平坦的頻率曲線。但在專業的領域上，例如舞廳，爲了使喇叭能擁有強勁的力道，因此分音器在中音頻段上會特別地加強。

五、效率與相位：

(1) 效率：

所謂效率就是輸入一瓦的能量，在距離喇叭一公尺處，以麥克風測量其發出的音壓(單位爲 dB)，不能以喇叭的承受功率來判定喇叭所能發出的音壓，因此效率低的喇叭雖擁有較大的承受功率，但其最大音壓未必能大過高效率但承受功率較小的喇叭。

(2) 相位：

一支單體的相位取決於線圈的纏繞方式，以順時鐘和逆時鐘纏兩者相位相差 180°；簡單的，兩者的正負極性會相反，如果你使用的是多支來自不同廠牌的喇叭，且依喇叭的正負極連接，卻覺得低頻段非常地硬而不沈，這很可能是喇叭的相位不同，造成相同頻率相互抵消，一般以低頻段影響最大，可以利用相位測試器來檢驗喇叭相位，使所有喇叭單體皆爲相同。

3.29 螺絲一般常用規格及應用

僅是一顆小小的螺絲釘，一部偌大的機器若是少了它，可能使之功能癱瘓而無用武之地，可見不起眼的螺絲有時也扮演極其重要的角色，電子產品上市前必須通過生產單位極其嚴苛的“信賴性測試”。諸如落下衝擊、高溫低溫壽命測試，讓使用者使用得安心無虞，關係著產品品質及公司維繫不易之信賴，因此如何設計用最少量的螺絲來達到產品強固之目的，爲設計工程師重要的課題。

3.29.1 螺絲於產品之選用原則

一、高單價之產品應儘量使機械牙螺絲，較能承受較高之扭力，防止生產中因滑牙因素，產品重工(Rework)損失工時。

二、內部結構件爲動件或直接承受較高外力者，應使用機械牙螺絲爲佳，一般自攻螺絲視規格不同僅能承受 3~5kgf-m 之扭力，而機械牙螺絲則可承受 8~12kgf-m 之扭力。

三、使用自攻螺絲(螺絲柱爲塑膠)必須承受五次鎖付不能滑牙，振動測試螺絲，不能鬆脫或崩裂。

四、同一產品使用之螺絲，應使其種類規格之數量降低到最少，使用單一規格螺絲，爲產品設計之最高境界。

五、徹底瞭解螺絲頭形的意義，並使用在適當的地方，例如定位頭(BINDING HEAD)、盤頭(PAN HEAD)常使用於產品外觀螺絲；平頂埋頭(FLAT HEAD)，則對於二件鎖付物有中心定位的作用；特殊頭形如內梅花頭、內六角頭則常用於電池盒包裝，因其具危險性，防止使用者能輕易拆解。

六、依產品之類別選用適當規格之螺絲，一般常用規格如下：

產品別	常用螺絲規格
(1) 手機、數位相機、PDA、DV	M16, M1.8, M2.0
(2) 筆記型電腦、電話、印表機、鍵盤	M2.5, M3.0
(3) PC、投影機、Monitor	M4.0

3.29.2 螺絲頭形名稱(Head Type Name)

1. Pan Head 盤頭
2. Hex Head 六角頭
3. Truss Head 傘頭
4. Binding Head 定位頭
5. Flat Head 平頂埋頭(沈頭)
6. Round Head 圓頭
7. Hi-Round Head 高圓頭
8. Hex Socket Head 六角窩頭
9. K Head K 頭
10. Wafer Head 薄餅頭
11. Oval Head 扁圓頂埋頭
12. Flange Pan Head 付座盤頭
13. Flange Hex Head 付座六角頭
14. Cap Pan Head 帽形盤頭
15. Cap Hex Head 帽形六角頭

3.29.3 螺絲頭型種類(Head Type List)

1. Pan Head	2. Hex Head	3. Truss Head
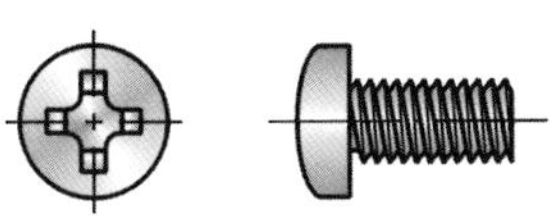	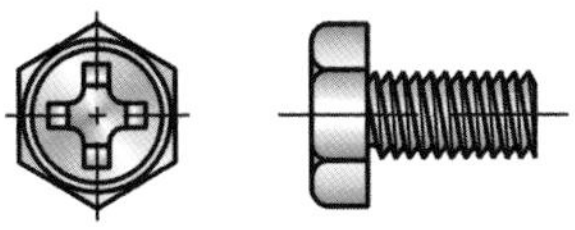	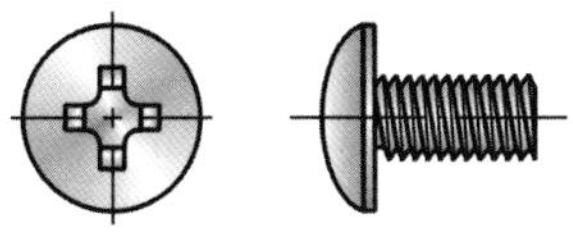
4. Binding Head	5. Flat Head	6. Round Head
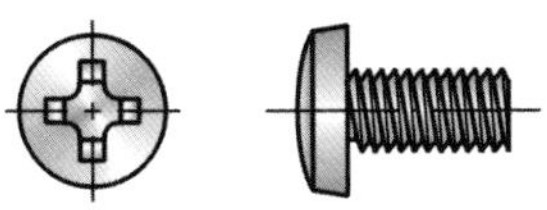	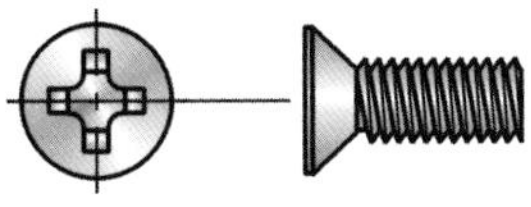	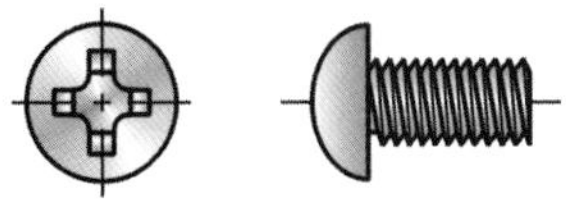

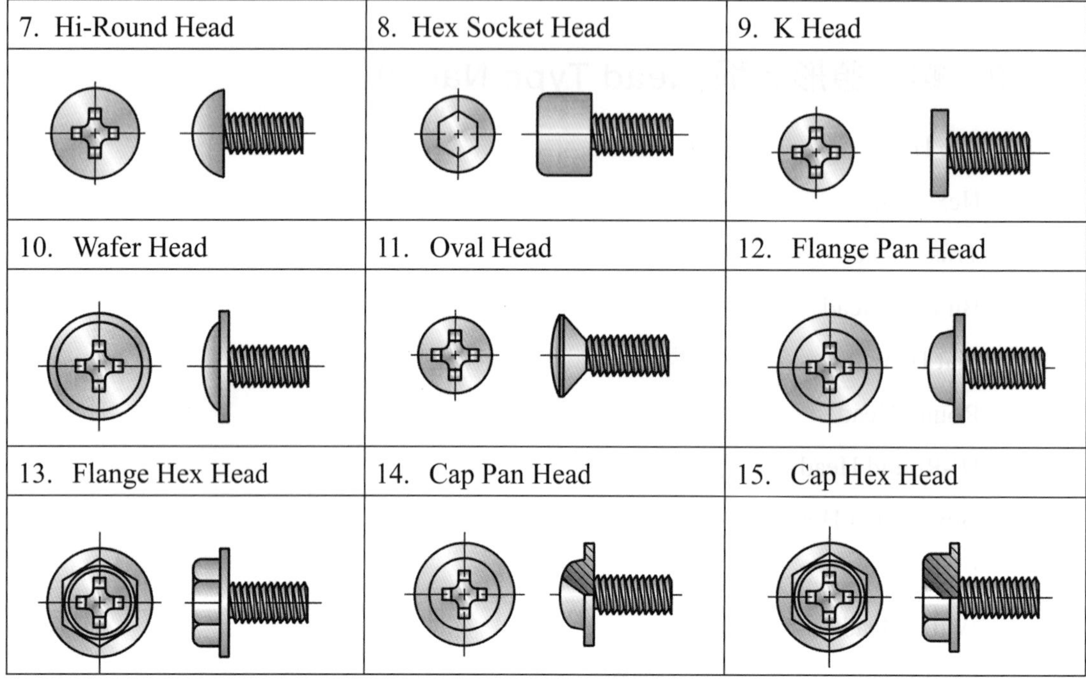

7. Hi-Round Head	8. Hex Socket Head	9. K Head
10. Wafer Head	11. Oval Head	12. Flange Pan Head
13. Flange Hex Head	14. Cap Pan Head	15. Cap Hex Head

3.29.4 華司種類及名稱(Washer Type List)

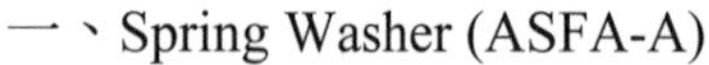

一、Spring Washer (ASFA-A) 彈簧華司

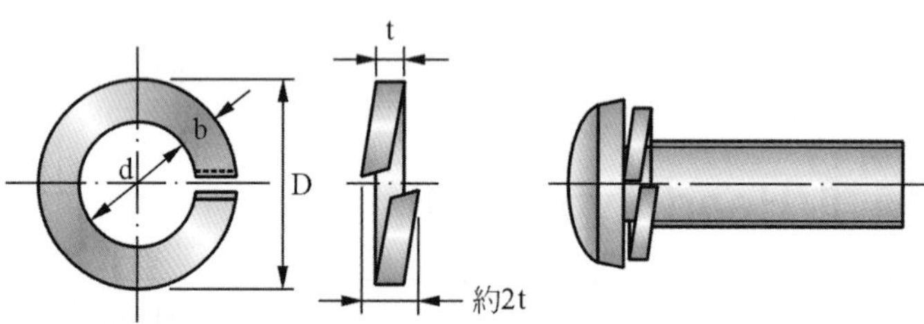

二、INT. Tooth Washer 內齒華司(I. T. W)

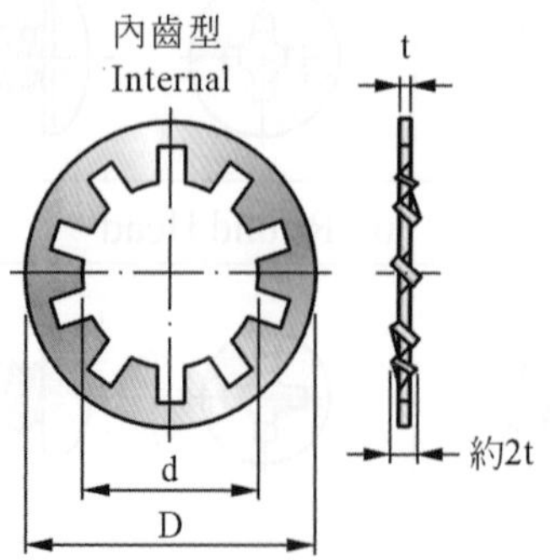

三、EXT. Tooth Washer　外齒華司(E. T. W)

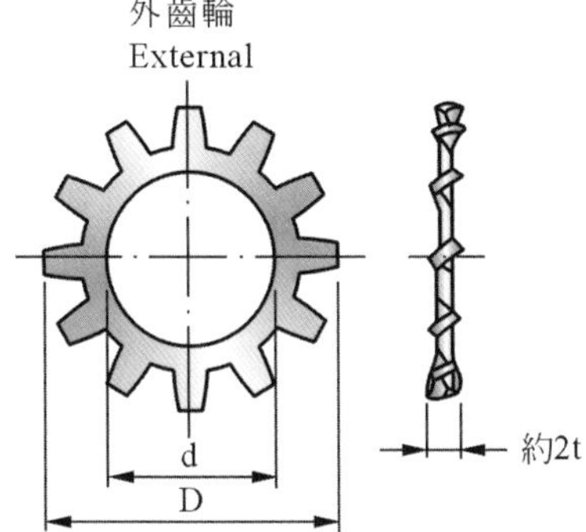

四、KIKU Washer (INT. + EXT. Tooth)　內外齒華司(K. W)

內外齒型
IN－External

D
d
t
約2t

五、Conical Spring Washer　碟形彈簧華司(C. S. W)

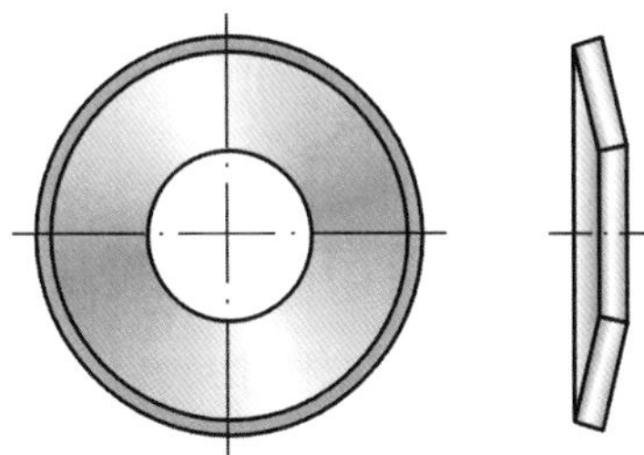

六、Plain Washer　平華司(P. W)

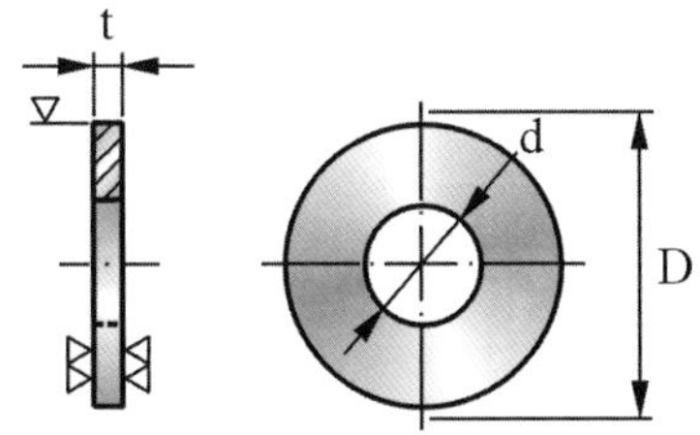

七、Plain & Spring Washer (ASFA-A)

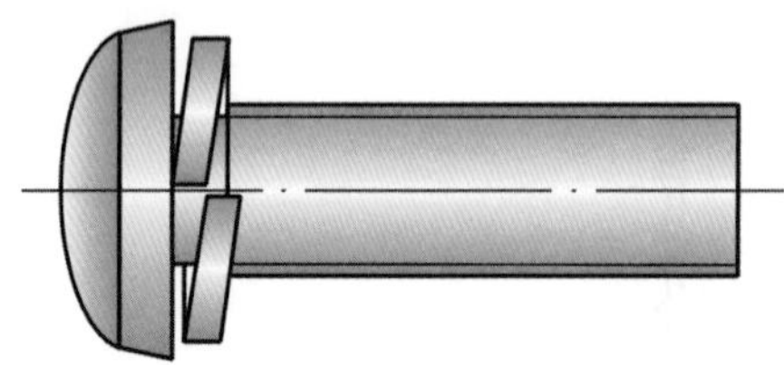

3.29.5 自攻螺絲種類及名稱

一、三角自攻螺絲(Taptite Screw Type)：

(1) Taptite S (S Tite)：

此機器螺絲外徑略大，不可鎖入螺母(該螺絲退出後，其成形之內螺紋可鎖入機器螺絲)。

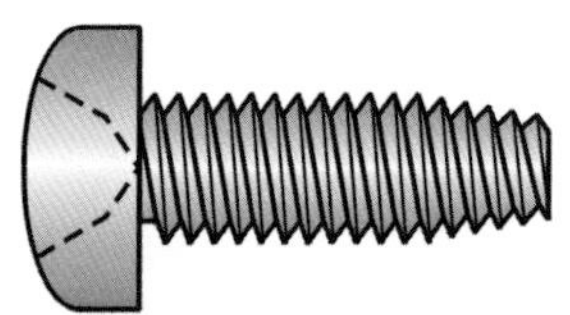

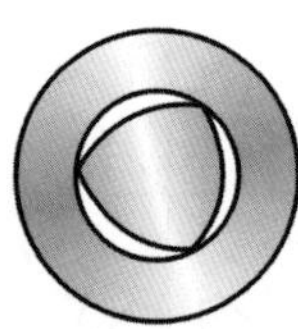

(2) Taptite C (C Tite)：

與機器螺絲及一般自攻螺絲外徑相同，可鎖入螺母。

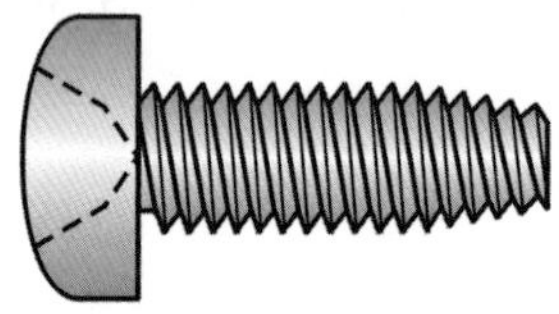

(3) Taptite B (B Tite)：

爲一般自攻螺絲第二種之改良品，適於薄鐵板及塑膠之鎖付。

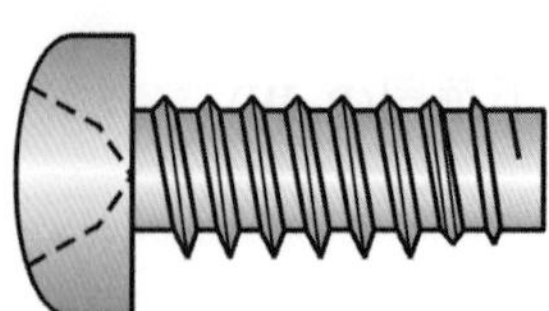

(4) Taptite P (P Tite)：

為塑膠專用螺絲，適用於塑膠之鎖付。

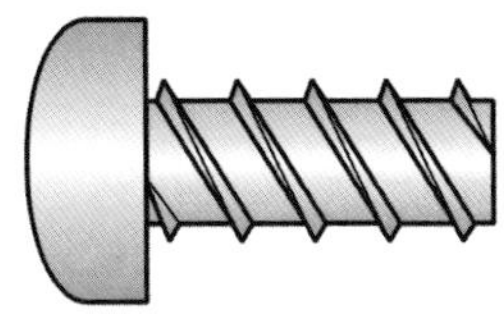

二、自攻螺絲(Tapping Screw Type)：

(1) Taptite 1 (Tap-1)　1 種

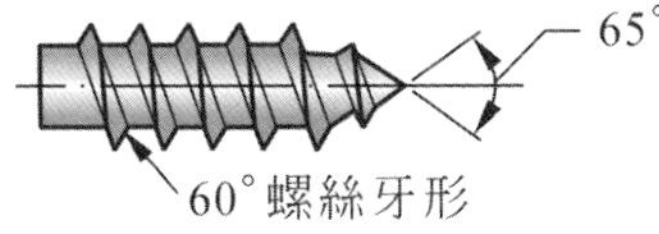

(2) Taptite 2 (Tap-2)　2 種

60°螺絲牙形

(3) Taptite 2 割尾 (Tap-2C)：

2 割尾　C 表割尾(Undercut)

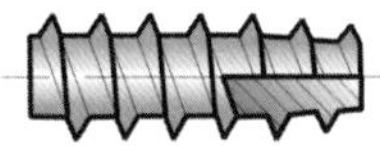

(4) Taptite 3 (Tap-3)　3 種

(5) Taptite 3 割尾 (Tap-3C)：

3 割尾　C 表割尾(Undercut)

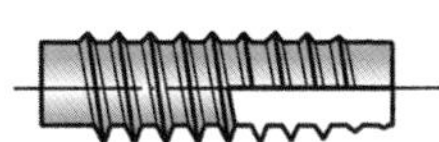

(6) Taptite 4 (Tap-4)　4 種

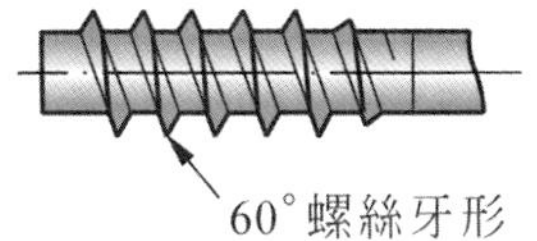

3.29.6 螺絲品名編寫原則

公制：

螺絲	螺紋形式	公稱直徑(mm)	×	螺絲長度(mm)	頭形	表面處理
SCREW	M	2.6	×	9	PAN	Ni
SCREW	P-TITE	3	×	8	BINDING	ZnB
SCREW	TAP-2C	2	×	5	FLAT	ZnC
⋮	⋮	⋮	⋮	⋮	⋮	⋮
⋮	⋮	⋮	⋮	⋮	⋮	⋮

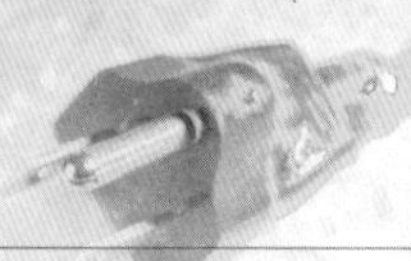

註

1. M 爲公制機械牙。

英制：

螺絲	公稱 No.	－	公稱直徑	×	螺絲長度(mm)	頭形	表面處理
SCREW	2	－	64 UNF	×	6	PAN	Ni
SCREW	4	－	40 UNC	×	8	FLAT	Ni
⋮	⋮		⋮	⋮	⋮	⋮	⋮
⋮	⋮		⋮	⋮	⋮	⋮	⋮

註

1. UNF 爲美英統一制細牙螺紋。
2. UNC 爲美英統一制粗牙螺紋。

Chapter 4 電鍍篇

4.1 電鍍基本原理

一、電鍍之定義：

電鍍(Electroplating)被定義爲一種沈積過程(Electro-deposition process)是利用電極(Electrode)通過電流，使金屬附著於物體表面上，其目的是在改變物體表面之特性或尺寸。

二、電鍍之目的：

其目的是在基材上鍍上金屬鍍層(deposition)，改變基材表面性質或尺寸，例如賦予金屬光澤、美觀物品的防銹，防止磨耗，提高導電度、潤滑性、強度、耐熱性、耐候性、熱處理上防止滲碳、氮化、尺寸錯誤或磨耗零件之修補。

4.2 電鍍之分類

一、濕式電鍍：化學電鍍、電解電鍍。

二、乾式電鍍：眞空電鍍(包括蒸發電鍍、眞空離子電鍍、濺鍍)。

(1) 化學電鍍：在沒有外界電流通過的條件下，利用化學物質的相互作用，在被鍍物表面形成電鍍覆層，如化學鍍鎳、化學鍍磷合金等。

(2) 電解電鍍：利用電極反應，在被鍍物表面形成電鍍覆層，如鍍鎳、鍍鉻等。

(3) 化學熱處理：被鍍物與化學相接觸，在高溫下使有關元素進入模具表面，以形成反應層或擴散層的過程，如滲碳、氮化、碳氮共滲等。

(4) 眞空鍍與氣相鍍：利用材料在高眞空下受激離而在被鍍物表面形成鍍覆層的過程，如 PVD、PCVD、CVD、PECVD 等。

4.2.1 PVD(物理蒸鍍)

PVD 包括以下三種：

一、眞空蒸著(蒸著電鍍)：

金屬在 1.33×10^{-2}～1.33×10^{-4} Pa 或更高的眞空加熱蒸發，並在工件上沈積成膜。

二、濺射(Sputtering 電鍍)：

利用荷能粒子，轟擊靶材而使其表面原子逸出，所逸出來的原子在工件上沈積成膜。

三、離子鍍(IP 電鍍)：

在 1.33×10～1.33×10^{-1}Pa 的氬氣中，形成輝光放電的同時，所進行的蒸發鍍膜，離子鍍膜包括直流放電法、弧光放電法、空心陰極、高頻激勵法、電場蒸發法、聚集離子束、活性反應法等。

4.2.2 CVD(化學蒸鍍)

使鍍層材料的揮發性化合物氣體，發生分解或化學反應，並在工件上沈積成膜，可沈積碳化物、氮化物、硼化物、氧化物，其鍍膜比 PVD 更不易剝落，唯鋼質被鍍物，鍍膜後必須要作熱處理，目前只有硬質合金、塑料進行 CVD 處理。

4.2.3 PCVD(等離子化學蒸鍍)

利用等離子進行化學蒸鍍薄膜，其沈積溫度比 CVD 低而與 PVD 相當，但其鍍膜附著力，卻遠高於 PVD。

一、各種電鍍金屬元素之特性：

(1) 鍍鉻：可分爲防護裝飾性鍍鉻和硬鉻二種，硬鉻又稱耐磨鉻，它的硬度高、耐磨性和耐蝕性好，相對地鍍層很脆，其鍍層比防護裝飾性要厚，其製程如下：

基材研磨拋光 → 清洗 → 屏蔽和絕緣 → 上掛具 → 化學或電解去油 → 水洗 → 弱腐蝕 → 水洗 → 預熱 → 陽極處理 → 鍍鉻 → 水洗 → 下掛具 → 除氫(除氫溫度爲 180～200°C，保溫 3～4H，鍍鉻溫度爲 50～60°C，電流密度爲 55～60A/dm^2)。

(2) 鍍銅：鍍層結晶細緻，孔隙率低，鍍液的均鍍能力好，鍍層與基材結合牢固，密著性好，常用於各種電鍍的底層電鍍。

(3) 鍍鎳：可分普通鍍鎳、光亮鍍鎳、多層鍍鎳。

普通鍍鎳：在防護裝飾性鍍層體系中，常作爲中間層使用。

光亮鍍鎳：於普通鍍鎳溶液中，加入某些特定結構的有機物或金屬盤，就可以獲得光亮或半光亮的鍍鎳層。

多層鍍鎳：指鍍雙層或三層鎳，利用不同鎳層之間的電位差，改變腐蝕走向，達到化學保護的目的，提高防銹性能。

(4) 鍍金：金鍍層的延伸性好，易拋光，且具有很好的抗變色性能，常用作裝飾鍍層或減磨擦用鍍層。

二、特殊製程之電鍍介紹：

(1) 刷鍍：是依靠一個與陽極接觸的毛墊或毛刷，提供電鍍需要的電鍍方法，刷鍍可進行局部電鍍。

(2) 複合鍍：在電解質溶液中，用電化學或化學方法，使金屬與不溶性非金屬固體微粒，共同沈積而獲得複合材料的電鍍。

(3) 化學鍍：利用合適的還原劑，使溶液中的金屬離子，有選擇性地在經催化劑活化的表面上，還原析出成金屬鍍層的一種化學處理方法，化學鍍鎳是最廣泛的一種。

4.3 射頻磁控濺鍍原理介紹

其基本原理乃根據離子濺射原理，當高能粒子(通常是由電場加速的正離子)衝擊到固體表面，固體表面的原子和分子，在與這些高能粒子交換動能後，就從固體表面飛出來，此現象稱之為“濺射”。

先利用電場，使兩極間產生電子，這些加速電子會與鍍膜室中已預先充入的惰性氣體碰撞，使其帶正電，而這些帶正電的粒子會受到陰極(靶材)吸引而撞擊陰極，入射離子(通常用氬氣)受到電場作用獲得動量撞擊靶材表面的原子，這些原子受到正電離子的碰撞，得到入射離子的動量轉移，對靶材表面下原子造成壓擠，使其發生移位，此靶材表面下多層原子的擠壓，會產生垂直靶材表面的作用力而把表面原子碰撞出去。這些被碰撞出去的原子，(沿途尚可將中性氬原子碰撞成帶正電)，最後終於沈積在基板(陽極)上形成薄膜，依製程不同可分下列二種。

4.3.1 直流濺鍍

於兩極間施加一直流電壓，利用氣體的輝光放電效應，產生正離子束撞擊靶原子，因撞擊陰極靶材的離子，所帶的電荷不能被中和而停留在靶面上，使靶材變成帶正電而阻止正電荷離子靠近，因此不能用來濺鍍絕緣體。

4.3.2 射頻(RF)濺鍍

在介電質靶材背面加一金屬電極，且改用射頻交流電(13.56MHz)，因為電子比正離子跑得快，在射頻的正半周期，已飛向靶面中和了陰極所累積的正電荷，由於頻率相當快，正離子一直留在電漿區，對靶材(陰極)仍維持相當高的正電位，因此濺射得以繼續進行，適用於金屬、非金屬絕緣材料。

註

為了提高氣體游離率及濺鍍效率，一般會在靶材上加裝磁場，形成所謂磁控濺鍍(Magnetron Sputtering)。

4.4 無電解電鍍應用及製程介紹

係於電子性消費產品，塑膠主殼利用電鍍製程於表面上鍍覆金屬薄膜，以達到屏蔽效果，防制電磁波干擾。

4.4.1 電磁波干擾

所謂電磁波干擾 EMI(Electro Magnetic Interference)是指電子機器動作中，從電子回路發生的電磁波帶給周圍之其他電子機器動作不良影響的現象。

4.4.2 關於電磁波干擾之規定

國際無線干擾特別委員會(GISPR)是一個 EMI 規定的國際機關，依據該委員會之規格，各國訂定該國內規並實施中。

美國(U.L)：美國保險業安全檢驗所(Underwriters Laboratories / NC)

美國(F.C.C)：聯邦通訊委員會(Federal Communications Commission)。

德國(V.D.E)：德意志聯邦電器技術顧問(Verband Deutscher Elektrotechniker)。

日本(V.C.C.I)：資訊處理裝置等電波干擾自主規定協議會。

加拿大(C.S.A)：加拿大國家標準局(Canadian Stardards Association)

4.4.3 屏蔽特性之評價方法

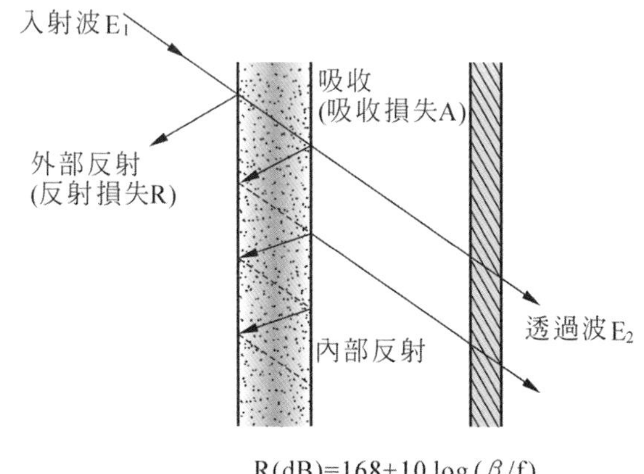

E_1=入射電場強度(V/m)

E_2=反射電場強度(V/m)

SE=屏蔽效果

SE(dB)=20 log(E_1/ E_2)

β=導電率(V/m)

f=頻率(MH_z)

u=導磁率(Henry/m)

t=膜厚(mil)

$$R(dB)=168+10\log(\beta/f)$$

$$A(dB)=3.34\,t\sqrt{f\beta u}$$

$$SE(dB)=R+A$$

圖 4-1

一、電磁波之頻率越高，反射越少。

二、電磁波之頻率提高，吸收效果會增加。

三、導電率提高，反射與吸收效果會增加。

四、反射效果與金屬膜厚無關。

五、屏蔽鍍金厚度之增加與吸收效果增加。

4.4.4　ABS 樹脂應用無電解電鍍之原理

概念圖	原理說明
絕緣體	・ABS 樹脂為一般常用的塑膠材質，電性上為絕緣體，其體積固有電阻 ≤ 10^{16} Ωcm。
	・應用無電解電鍍，需將 ABS 樹脂成形品表面，以化學處理變成導體。
B B B B B B B	・ABS 中含有橡膠成分的聚丁二烯(B)，由鉻酸 H_2CrO_4、硫酸 H_2SO_4 所構成的腐蝕處理劑，可選擇性地予以氧化及溶解，除去聚丁二烯，謂之“粗化”。
S_n S_n P_d S_n P_d P_d S_n P_d	・在被溶解除去而成為空洞的表面，附加吸力強且有還原力的金屬氯化鈀($PdCl_2$)及 $SnC1_2$ 再添加觸媒，促進還原作用。
C_u C_u C_u C_u C_u C_u C_u	・在含有硫酸銅($CuSO_4$)的化學電鍍液中，浸漬附加上述有還原力之金屬的成形品，藉化學反應即可析出金屬 Cu。
C_u	・雖然表面之金屬 Cu 與成形品之密合度弱，但因除去聚丁二烯的空洞所析出的金屬 Cu，展示勾掛(Anchor)效果，故物理的密合強度變高。
N_I	・金屬在化學上容易氧化腐蝕，故在金屬 Cu 之表面使化學上穩定金屬的鎳(Ni)析出，可保護導體的金屬 Cu。 ・絕緣體的 ABS 樹脂成形品表面，因有 1～2μm 的金屬鍍膜所被覆，故體積固有電阻會降至 10°Ωm 以下。

4.4.5 無電解電鍍製程

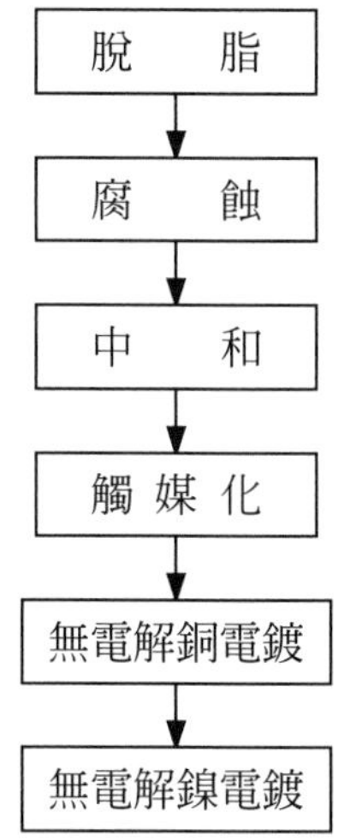

- 除去表面污垢、附著油脂，提高潤濕性，尤其是成形時，使用之脫模劑。
- 選擇性地將 ABS 樹脂中的橡膠成分予以氧化溶解，對鍍膜密合強度影響很大。
- 爲了不將腐蝕液帶入下工程(觸媒化)的表面調整(把 Cr^{6-1}還原除去成 Cr^{3-1})。
- 在被粗化表面吸附 Pd、Sn。
- 對體積固有電阻，EMI 屏蔽效果影響大，亦即爲無電解電鍍之目的。
- 對無電解銅電鍍膜之保護、外觀可維持效果。

4.4.6 無電解電鍍對成形條件之要求

成形條件	要求	理由
1. 成形樹脂溫度	盡量高	防止橡膠變形，縮小永久變形，使模穴內樹脂流動良好，提高樹脂密度。
2. 射出速度	盡量慢	防止橡膠變形，縮小永久變形，提高樹脂密度。
3. 射出壓力	低較好(因射出速度而定)	防止橡膠變形，縮小永久變形，需提高樹脂密度的流動。
4. 模具表面溫度	高較好	使模穴內樹脂流動良好，提高樹脂密度，縮小主要方向應變。

Chapter 5

特殊金屬合金製程介紹

5.1 粉末冶金製程介紹

5.1.1 粉末冶金的意義

用金屬粉末或非金屬粉末爲原料，將之置於模內，加壓成形再經燒結、校正尺寸及形狀，即成製品。

5.1.2 粉末冶金的製程

粉末製造 → 加壓成形 → 燒結 → 最後成形

一、粉末製造：

(1) 機械粉碎法：利用搗碎機、球磨機、旋轉機等機器之力量，將金屬粉碎成粉末之方法。

(2) 物理粉化法：

a. 粒化法：將金屬在半熔融狀態下，激烈攪動之方法，使結晶粒開始氧化，因而分離適用於低熔點金屬，例如鋁粉。

b. 衝擊法：將熔融金屬液，用水流噴射的衝擊力，使金屬粉化的方法，適用於非低熔點的金屬。

c. 噴霧法：利用壓縮空氣之噴射能，將溶液噴射成液滴狀而粉化之方法。

(3) 化學粉化法：

a. 還原法：高溫下利用還原劑之作用，可以得到粉末狀及海綿狀之金屬，分氣體還原與固體還原二種。

1. 氣體還原：利用氫氣，將 Fe、Ni、Co、Cu、Mo、W 等細小氧化物，直接還原製造粉末，而鐵粉一般用一氧化碳代替氫氣。

2. 固體還原：利用碳、鹼性金屬作還原劑，如鐵粉之產生，即氧化鐵與碳混合加熱還原得之。

b. 電解法：分水溶液電解法與熔融鹽電解法。

1. 水溶液電解法：將金屬鹽水溶液予以電解，在陰極析出金屬，如銅、錫、鋁。

2. 熔融鹽電解法：電解熔融鹽金屬，如原子爐材料的鈾、針、鉭、鈮、鋯、鈦、釩。

(4) 蒸餾凝縮法：將蒸氣高壓金屬在眞空中加熱，使金屬急速凝結成粉末之方法，如白色金屬 Zn、Cd、Mg。

二、加壓成形：

目的：作成所希望的形狀，搬運時不易破損，燒結過程不易破裂，以得到良好品質，計有三種方法成形：

(1) 模壓法：利用沖壓機沖壓成形。

(2) 擠製法：利用澱粉、阿拉伯膠、合成樹脂等結合劑，將金屬粉末調成糊狀，再迫使其通過適當模子成形。

(3) 滾軋法：將金屬粉末自漏斗落下，送入兩滾筒間，由滾筒壓力壓縮粉末，迫使粉末鎖結成板狀或條狀。

三、燒結：

將壓縮成形的生胚放入燒結爐中，加熱到熔點以下某溫度，使粉末粒子之間長出頸部，結合力增加，提高成品強度的過程。

(1) 燒結中為避免在顆粒間形成氧化膜，燒結時必須在真空中或添加惰性氣體(He、Ar、N_2)等。

(2) 純金屬的溫度不可超過該金屬的熔點，而合金燒結溫度，則在高熔點金屬之下，低熔點金屬之上。

註

主要金屬熔點：鐵 1093°C、銅 871°C、不銹鋼 1177°C、碳化鎢 1482°C

(3) 燒結時間：因金屬不同及數量，再加上燒結爐形式有所差異，一般在 20～40 分鐘之間，甚至幾小時。

四、燒結後處理：

(1) 整修研磨：尺寸校正及形狀矯正。

(2) 熱處理：使軟化或表面硬化。

(3) 鍍層處理：保護及增加美觀。

(4) 金屬滲入或滲油處理。

a. 金屬滲入：滲入比產品熔點更低之金屬，置於燒結後之多孔性產品上，放進真空高溫爐加熱，熔融金屬因毛細現象而吸入填滿空隙。

b. 滲油處理：使油滲入燒結軸承合金空隙內，成自潤軸承。

(5) 再加壓或再燒結：使組織更緻密，改善製品的尺寸或形狀精度及高密度。

5.1.3 粉末冶金常用的材料

一、純金屬：Fe、Cu、Al、Ti、Sn、Ni 及耐熱金屬如 W、Ta、Mo、Co。

二、合金粉末：黃銅、青銅、鋼、不銹鋼。

三、其他：陶瓷、碳化物(WC、TiC、TaC)、鋯。

5.1.4 粉末冶金主要的製品

一、高熔點製品：電燈燈絲(W、Mo、Ta)，工業電子材料之屏極，電器接點，火箭噴嘴(碳化物)。

二、超硬合金製品：車刀、銑刀、模具(碳化鎢、碳化鈦、碳化鉭與結合劑 Co、Ni 混合、燒結而成)。

註：利用鑄造無法獲得良好品質。

三、含油軸承多孔質材料：銅合金、不銹鋼、鎳等材料燒結成軸承金屬濾器、紡織環錠。

四、其他製品：電動機電刷(銅碳混合燒結)、一般機械零件(如齒輪凸輪襯套)、永久磁鐵、磁心材料(鋁鎳、鈷粉混合燒結)陶瓷材料(電子陶瓷、機械陶瓷、結構陶瓷)。

5.1.5 粉末冶金的優點及限制

一、優點：

(1) 只有粉末才能製造，如多孔質合金、碳化鎢刀片。

(2) 可以分層壓製成層狀材料，如碳化鎢刀具鍍上碳化鈦，增加硬度。

(3) 可以得到純度極高的金屬。

(4) 可以製造成分比例正確均勻的金屬。

(5) 成品尺寸精確，可以減少加工量或無需加工，降低成本。

(6) 適合小型產品量產。

(7) 加工性差或形狀複雜的製品適合粉末加工。

(8) 一些極高熔點的材料適合粉末冶金。

二、缺點：

(1) 成本較高(金屬粉末價格，設備費用)，不適合小量生產，且不易儲存運輸。

(2) 構造形狀複雜者，難以加壓成形。

(3) 不適合大型製品。

(4) 低熔點之金屬燒結困難(如鋅、錫、鋁)。

(5) 有些粉末容易爆炸(如鋁、鎂、鋯、鈦)。

(6) 產品並非完全密實。

(7) 燒結性差的材料不能應用。

5.2 鋁鎂合金材料之技術應用

隨著 3C 產業(電腦 computer，通訊 Communication，消費性電子產品 Consumer electronics)近年來的需求高度成長，筆記型電腦(notebook computer)、行動電話(Cellular phone)、個人資料助理(personal data assistant ,PDA)及各種資料貯存系統(data-storage system)等產品，講求輕薄短小，因此對薄殼成形技術的需求日益迫切，以筆記型電腦爲例，其外殼的設計要求不外如下：

(1) 重量輕。

(2) 剛性佳，強度足以支撐整體結構而無翹曲變形。

(3) 耐衝擊性佳，能抵抗 5ft-1bs 球衝擊試驗(ball impact)及連續三次從一公尺高度落下的衝擊。

(4) 電磁遮蔽性(EMI Shielding)佳，以防止外界電磁波干擾。

(5) 散熱性佳，內部空間利用率高，電子元件功率愈來愈高，間距越來越近，尤以 CPU 熱源爲甚。

(6) 成形加工性良好，表面易處理且美觀。

(7) 無可燃性。

(8) 成本具競爭力。

(9) 符合環保要求，易回收。

一、筆記型電腦外殼製程：

(1) 射出成形：

材料包括 Nylon/PPE、PC/ABS、PBT/ABS 等常添加 10～17%的碳纖維，厚度約爲 1.2～2.0mm。

(2) 氣體輔助射出成形：

材料以 ABS、PPE、PC/ABS 等爲主，由於成品內有氣道，平均厚度 1.2～1.4mm。

(3) 壓力鑄造：

材料以鎂鋁合金爲主，目前最薄厚度約 1.2mm。

綜合各項條件，鎂合金比重雖較工程塑膠(約 1.2～1.4)略高，但強度為碳纖強化樹脂的 2 倍以上，並且不需施加金屬化處理，即有優良的電磁性遮蔽，亦不用添加金屬粉末即有高散熱性，加上耐衝擊性佳，加工性良好，耐蝕性佳，又可回收，因此極具競爭力。

5.2.1 鎂合金與工程塑膠之比較優勢

一、尺寸穩定性及抗潛變性佳。

二、優良的導熱性。

三、極佳的吸震性。

四、優良的機械強度、抗撓曲性、抗衝擊性及抗疲勞性。

五、不易磨耗。

六、非磁性金屬。

七、電磁遮蔽性佳。

5.2.2 鎂合金與鋁合金之比較優勢

一、鎂的熱室壓鑄射出動作較鋁的冷室壓鑄更為連續，加上鎂的莫耳凝固熱約為鋁的 90%，凝固較為迅速，鎂不會黏著鋼模，可在較高溫下仍能輕易脫模，因此整個成形周期較鋁的壓鑄約快 25～50%。

二、熱室壓鑄中，鎂湯不與空氣接觸，因此氧化所造成的損耗小得多，且成品中氣孔較少，廢品率亦較低。

三、由於鎂不會黏著模穴及芯子，模具的脫模斜度可較同樣的鋁鑄件少 20～25%，甚至不用斜度，鑄件總面積因此減少，再加上其比重是鋁的 2/3，因此總重量差異更大。

四、鎂對金屬模具的腐蝕較少，因此模具壽命為鋁壓鑄的 3～5 倍。

五、單位體積的鎂合金壓鑄所需的能源約為鋁的 3/4。

六、鎂合金的機械加工性能良好，如下表所示。

合金種類	機械加工性指標(以 B1112 鋼= 100 為基數)
鎂合金	500
鋁合金	300
黃銅	200
碳鋼	80～130
不銹鋼	50～95
鎳合金	10～55

5.2.3 半固態鎂合金之射出成形技術

利用金屬壓力鑄造必須用極高速的紊流，甚至噴射進入模穴，因此捲氣以至高孔洞率乃成爲壓鑄件不可避免的缺陷，更進而限制了在航太、汽車及精密機械等工業的應用。

爲了解決氣孔的問題，人們提出了模具(如採用湯餅及溢流槽)及製程(如眞空壓鑄、低壓鑄造、擠壓鑄造等)的改善方案，但終極的夢想仍是用類似射出成形的簡易、穩定、廉價製程製作無孔洞近淨形、高品質的金屬鑄件。由於半固態成形製程(semi-solid processing)的迅速發展，這個夢想的實現，不再遙不可及，半固態射出成形，可區分爲觸變成形和流變成形二種。

5.3 觸變成形(thixomolding)

觸變成型是由塑膠射出成形衍生，應用在金屬的成形製程，主要是將金屬顆粒由料管加熱及螺桿轉動剪切的熱／機械(thermal/mechanical)作用，轉變爲具有觸變(thixotropic)性質的半固態黏漿，再以螺桿推送射入模穴內，凝固成形。

觸變成形的觀念是由美國 Dow Chemical 公司於 1988 年提出，1991 年獲得美國第 5040589 號專利。Dow Chemical 於 1990 年與美加澳等五家公司在美國密西根州投資成立了 Thixomat Inc.，目前獲得 Thixomat Inc 授權製作觸變成形機的公司，包括美國的 HPMCorp，以及日本的 Japan Steel Works(JSW)。成形機的規格，從 75 噸到 600 噸不等，最大可製作約 9 磅重的鎂鑄件，使用之材料以 AZ910、AM60 及 AM50 等鎂合金爲主。

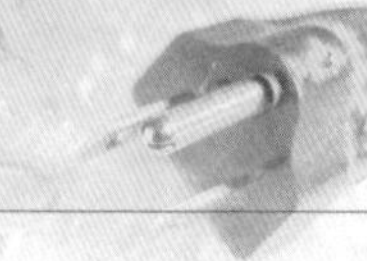

5.3.1 觸變成形機的機械結構

由 HPM 所製作之 400 噸觸變成形機，介紹其特點如下：

一、螺桿料管與周邊配合措施之工作溫度較高，因此料管溫度之精密控制、可耐高溫及磨耗環境下之材料選用是技術重點。

二、以蓄壓器輔助的油壓射出機構之最高射速較塑膠射出成形機高約 15 倍(約 1～5m/sec)與傳統壓鑄機之速度相近。

三、由於鎂合金活性高，容易氧化燃燒的特點，須外加一保護鎂合金供應裝置，以防止鎂料在料管中與空氣接觸。

各部位名稱及主要功能介紹：

(1) 料斗(feed hopper)：盛裝鎂合金原料顆粒。

(2) 進料輸送裝置(Volumetric feeder)：利用螺桿推送，並可控制進料速度。

(3) 保護氣體供應裝置：送氬氣(Ar)至料管中，以防止鎂料氧化燃燒。

(4) 入料口喉部(feed throat)：鎂合金原料顆粒進入料管之入口。

(5) 包敷電熱加熱帶之高溫料管(barrel)：提供原材料升溫之熱量。

(6) 往復式螺桿(reciprocal screw)：剪切、輸送及射出半固態黏漿。

(7) 止逆環組件(non-return valve assembly)：射出時防止黏漿逆流，以建立射出壓力。

(8) 螺桿頭(Screw tip)：建立射出壓力，黏漿推出儲料區。

(9) 噴嘴(nozzle)：射出時抵住模具的澆道襯套，而與模具固緊連結。

(10) 錐道襯套(sprue bushing)：與噴嘴緊密接觸，並將其精確定位，以防止漏料。

(11) 流道分配器(runner spreader)：導引黏漿流入流道。

(12) 蓄壓器(accumulator)：供應快速射出之油壓作動。

(13) 射出油缸(injection cylinder)：提供射出時的動力，並控制射出速度。

(14) 射出推桿(injection ram)：射出時推動螺桿往前運動。

(15) 止推軸承及聯結器(thrust bearing and coupling)：連接射出推桿與螺桿驅動軸。

(16) 旋轉驅動馬達(rotary drive mechanism)：提供螺桿旋轉剪切之動力。

(17) 驅動軸(drive shaft)：連接螺桿與驅動馬達，以提供螺桿旋轉之扭矩。

(18) 驅動聯結器(drive coupling)：連接螺桿與驅動軸。

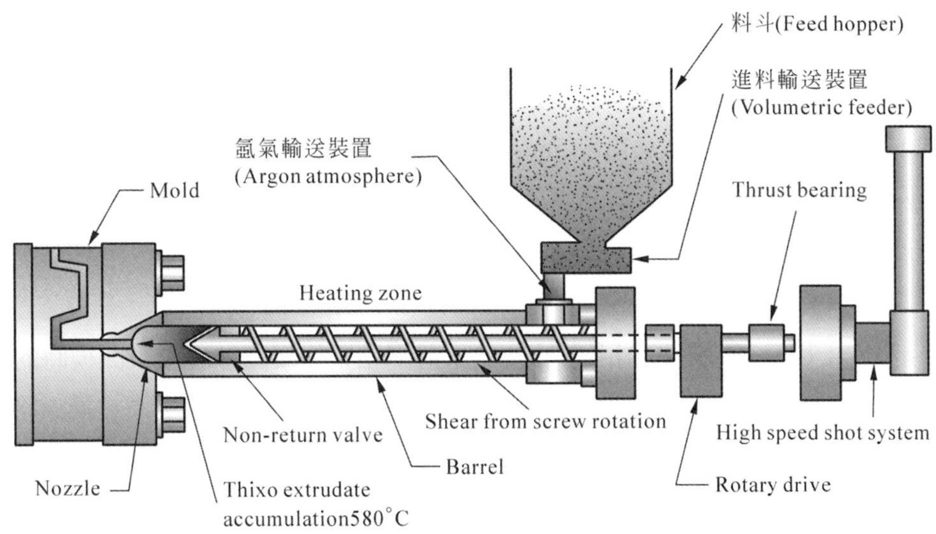

圖 5-1　射出系統之結構示意圖

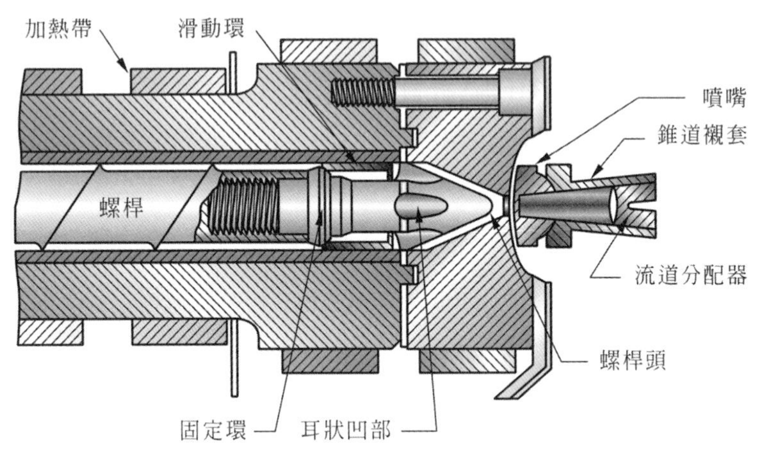

圖 5-2　噴嘴與流道分配圖

5.3.2　製程參數

一、料管溫度：料管溫度決定半固態黏漿之固相分率，材料在料管中的位置，各有不同的溫度區段，而各區溫度控制必須精確至±2℃。

(1)　薄壁鑄件：固相分率一般設定為 5～10 Vol%，以得到較佳之流動性。

(2)　厚壁鑄件：固相分率控制在 20～30 Vol%，以減少縮孔產生之可能性。

二、射速：射速決定成形充模過程中，半固態黏漿所受的剪切率(shear rate)及流動性，觸變成形之射速控制，視所成形的半固態黏漿物性及模具設計而定，一般在 2～2.5m/sec，最大的射速甚至需要 5m/sec。

三、射壓：觸變成形的射壓，最高可達 20,000psi，射出終了時的射壓大約為 9,000～12,000psi。

四、螺桿轉速：觸變成形的螺桿轉速，一般設定為 100rpm。

五、模具溫度：模具溫度是控制由熱油加熱、射出黏漿的凝固熱釋放及開模時的冷卻作用而成，三個因素平衡的結果，一般模溫控制器設定在 230℃，更高之模溫將有助於增加黏漿流動的長度。

5.4 流變成形(rheomolding)技術

流變成形技術是一種結合了塑膠射出成形及流變鑄造(rheocasting)的特殊製程，係由美國康乃爾大學提出的射出成形計劃，針對半固態材料之性質及其他半固態製程之缺點所研發的新機器與新製程，於 1996 年取得美第 5501266 號專利，流變成形機之基本功能要求有二：

一、在可控制的剪切及冷卻條件下，將熔融金屬轉變為具有適當微結構的半固態金屬。

二、將所製備之半固態金屬在層流(laminar flow)條件下，射入模穴中，固化成形。

5.4.1 流變成形機與觸變成形機兩者工作原理之差異

一、觸變成形使用之原材料為固體顆粒狀的金屬，顆粒與顆粒之間隙中，會有保護氣體，隨金屬顆粒進入料管，因此成品中含氣量雖可較傳統壓鑄降低，卻無法完全去除，流變成形使用的原料是熔融金屬，自料斗至料管形成完全密閉空間，因此有可能達到“零氣孔”目標。

二、流變成形之原料是由熔融狀態連續冷卻至部份凝固狀態，觸變成形則是將固體金屬顆粒部分熔化達到半固態，兩者產生的半固態材料，即使最終熱力學狀態(如溫度、壓力等)相同，其微結構及流變性質也可能大大相同，在這點上，流變成形比較符合半固態成形的概念，也與冶金學的凝固理論較能契合，也正因流變成形使用的原料沒有特殊要求，不但價錢便宜，不受特殊供應商牽制，還可以回收廢料。

5.4.2 流變成形模具設計重點

一、爲避免過多的轉折，導致捲氣及氣孔在錐道部分應採用直接進澆方式，並儘量減小流道長度。

二、半固態黏漿之黏度較金屬熔液爲高，較適合類似塑膠模之澆口設計，然而必須考慮固液相分離之偏析現象，以適當調整澆口大小及進澆速度。

三、由於半固態黏漿充塡模穴時是以層流模式平緩地流動，因此可以減少甚至不做溢流槽之設計，但仍應作逃氣槽。

四、鎂合金由液態變爲固態的體積收縮約 10%，而半固態黏漿已有部分液體凝固，因此設計半固態成形模具時，須視成形時的固相分率，考慮降低此部分的收縮現象。

5.5 半固態鎂合金射出成形與壓鑄之比較

一、製程面：

(1) 操作溫度較熱室壓鑄低約 100℃，模具壽命較長，模具之潤滑需求亦減少。

(2) 可淨形成形，減少湯餅、流道、澆道、溢流槽等廢料的比例，且可減少後工程，如後續整修及機械切削，降低成本。

(3) 壓鑄品之重量極不穩，容易造成額外的廢料損失，觸變／流變成形具有與塑膠射出成形一樣，容易控制製程和再現性之特點，產品品質穩定，廢品率低。

二、產品面：

(1) 半固態鎂合金之孔洞含量，約比傳統熱室壓鑄鎂合金減少 50%以上，鑄件可做熱處理調質，使機械性質大幅提高。

(2) 半固態鎂合金流入模穴時，是以平穩伏層流模式充塡，因此對於厚度不均一件或是有許多孔穴、肋突塊、墊塊等特殊形狀之鑄件，均可一體成形，然而這些對熱室壓鑄困難度較高。

(3) 成形品公差變化小，尺寸重現性高。

(4) 可成形最薄達 0.5mm 之薄壁件，模具之流長／壁厚比(L/D)較壓鑄提高。

(5) 半固態用模具設計較爲簡化，對於市場變動快之產品，可有效因應。

(6) 具有成形傳統鍛造合金(如 AZ61)之可能性。

(7) 可以成形金屬基複合材料。

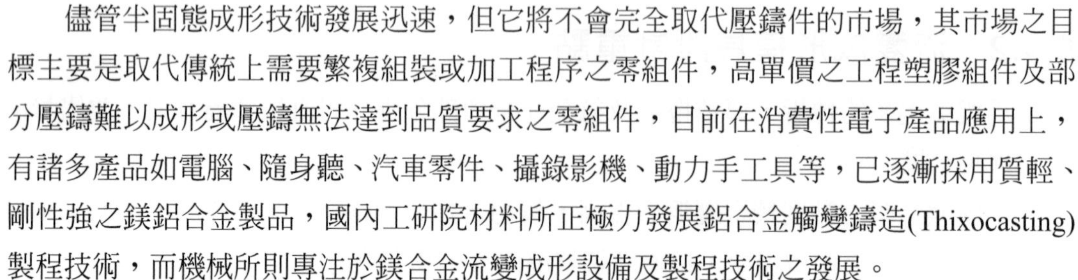

儘管半固態成形技術發展迅速，但它將不會完全取代壓鑄件的市場，其市場之目標主要是取代傳統上需要繁複組裝或加工程序之零組件，高單價之工程塑膠組件及部分壓鑄難以成形或壓鑄無法達到品質要求之零組件，目前在消費性電子產品應用上，有諸多產品如電腦、隨身聽、汽車零件、攝錄影機、動力手工具等，已逐漸採用質輕、剛性強之鎂鋁合金製品，國內工研院材料所正極力發展鋁合金觸變鑄造(Thixocasting)製程技術，而機械所則專注於鎂合金流變成形設備及製程技術之發展。

5.6 金屬製品表面後加工處理介紹

電子產品外觀殼體應用金屬材料，具有商業化價值的，有鋁合金、鎂鋁合金、不鏽鐵板、鍍鋅鐵板等，其表面必須經後加工處理，如拋光、噴砂、拉砂、陽極處理、化學蝕刻、雷射雕刻、鑽石切削等製程，始能展現金屬材之特殊物性，提高產品之附加價值，而不同的金屬材其適用之加工製程亦不相同，其適用範圍如下：

金屬材種類	適用後加工製程	常用產品
1.鋁合金(沖壓)	噴砂、拉砂、陽極處理、烤漆、雷射雕刻、鑽石切削	PDA、數位相機、CD、隨身聽
2.鎂鋁合金(半固態射出成形)	拋光、噴砂、陽極處理、烤漆	筆記型電腦、投影機、汽機車引擎零件
3.不鏽鋼板(沖壓)	拋光、噴砂、化學蝕刻、雷射雕刻	數位相機、鏡面不鏽鋼大門、鋁板、招牌
4.鍍鋅鐵板(沖壓)	無塵鏡面烤漆	汽車

5.6.1 拋光(Polishing)

拋光是指在布輪或皮帶上塗敷磨料顆粒，以磨光表面的加工，此種方法雖然不用於精密的金屬切除加工，但能磨去相當數量的金屬，足以消除工件表面的擦痕和其他的缺點，因而輪和布都具有柔曲性，可適應不規則的形狀和圓度。

拋光輪由棉布、帆布、皮革、毛氈或類似材料等的膠合或縫綴而成，備有適當的表面寬度，且時常在輪的兩側面，以金屬側板加強之，其塗敷之磨料材料通常為氧化鋁或碳化的矽顆粒。

5.6.2 噴砂

採用壓縮空氣為動力，形成高速噴束，將噴料(銅礦砂、石英砂、鐵砂、海砂、金剛砂等)，高速噴射到需處理工件表面，使工件外表面發生變化，由於磨料對工件表面的衝擊和切削作用，使工件表面獲得一定的清潔度和不同的粗糙度，使工件之機械性能得到改善，因此提高了工件的抗疲勞性，增加了它與塗層之間的附著力，延長了塗膜的耐久性，更有利於塗料的均勻度和裝飾性。

噴砂之主要功能：

一、工件塗鍍、工件黏接前處理：

噴砂能把工件表面的鏽皮等一切污物清除，並在工件表面建立起十分重要的基礎圖式(即通常所謂的毛面)，而且可以通過調換不同粒度的磨料，達到不同的粗糙度，提高工件與塗料、鍍料的結合力，或使黏接件更牢固，品質更好。

二、鑄鍛件毛面、熱處理後工件的清理與拋光：

噴砂能清理鑄鍛件、熱處理後工件表面的一切污物(如氧化皮、油污等殘留物)，並將工件表面拋光，提高工件的光潔度，達到美化工件的目的。

噴砂清理，能使工件露出均勻一致的金屬本色，使工件外表更美觀，達到美化裝飾的作用。

三、機械加工件毛刺清理與表面美化：

噴砂能清理工件表面的微小毛刺，並使工件表面更加平整，消除毛刺的危害，提高工件的品質層次，並且噴砂能在工件表面交界處，打出很小的圓角，使工件顯得更加美觀，更加精密。

四、改善零件的機械性能：

機械零件經噴砂後，能在零件表面產生均勻細微的凹凸面(毛面)，使潤滑油得到儲存，使潤滑條件得到改善，並減小噪音，提高機械使用壽命。

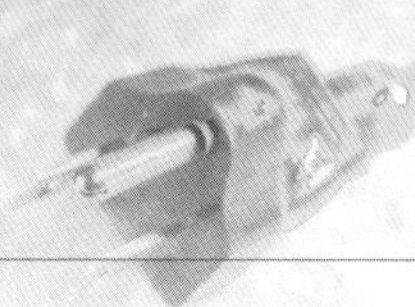

五、光飾作用：

對各種工件表面拋光，使工件表面更美觀，並使工件達到光滑，又不反光之要求。

六、消除應力及表面強化：

通過砂粒敲擊工件表面，消除應力，增加工件表面強度，如彈簧、機械加工刀具、飛機葉片等表面處理。

註

基礎圖式

即所謂的粗糙度，噴砂砂粒衝擊，並向外反彈，這種衝擊造成工作表面幾千分之一英吋的壓痕，叫作基礎圖式。回彈會使某些表面向外高出幾千分之一英吋，低的叫“谷”，高的叫“峰”，每一個砂粒衝擊表面都會造成一個“谷”和一個“峰”，這就是基礎圖式，也是粗糙度的形成原因，其單位用 mill (密耳)表示。

1mill= 0.001 英吋

1 微米(μm) = 0.001 毫米(mm)

1mill= 0.0254 毫米(mm) =25.4 μm

5.6.3 拉砂處理〔又稱拉髮絲(hair line)處理〕

拉砂(hair line)處理係利用粗細不同的砂紙皮帶，在工件表面上直方向研磨，使工件表面呈現直紋細絲效果，純爲增加產品附加價值，之後加工製程，砂紙號數愈小，砂粒顆粒愈粗，拉出之細紋效果則愈粗，砂紙號數區分爲#100、#240、#400、#600、#800、#1000、#1200、#1600 及#2000 共 9 種。

5.6.4 鋁陽極處理

陽極處理於鋁製品後加工處理上運用極爲廣泛，最大的功能可防止鋁表層氧化，並可作不同顏色染色處理，達到美觀裝飾之要求。同一工件可作兩色以上分色處理，陽極處理又稱爲電染，其用途如下：

一、耐腐蝕(corrosion resistance)：

金屬的氧化物較金屬本身更安定，所以更耐蝕。

二、塗裝附著性(paint adhesion)：

太空及軍事零件規格。

三、電鍍鋁：

鋁經陽極處理後，適合電鍍，因鋁陽極處理表面爲不連續氧化鋁層，含許多孔洞，在磷酸鍍液中會形成導電性變成可電鍍，而許多孔洞產生內鎖反應(interlocking)，鍍層附著性得以加強。

四、裝飾(decorative appearance)：

用不同鋁合金前處理陽極處理系統，可得非常耐久的各種裝飾性表面。

五、電絕緣(electrical insulation)：

陽極處理鍍層絕緣性很好，並可耐高溫，常應用在電容器(capacitor)工業上。

六、照相底板(photographic substrates)：

陽極處理所形成的多孔表面，將感光性物質滲入孔中，可得到如同照相底片(photographic film)。

七、發射性及反射性(emissivity and reflectivity)：

太空、電子、機械等光熱應用上。

八、耐磨性(abrasion resistance)：

低溫(-4～10℃)之硫酸電解液，陽極處理可得非常硬的陽極鍍層(hard anodic coating)具有耐磨特性，應用在齒輪(gears)、活塞(pistons)、葉片(fan blade)、燃料噴嘴(fuel nozzles)。

九、表面分析(surface analysis)：

鋁基材在鉻酸(chromic acid)做陽極處理，可檢測出表面缺陷(surface flaw)，用來研究鋁材料旳冶金性質。

5.6.5 陽極處理之種類

一、傳統硫酸電解液：

常用於裝飾及防護，厚度 2.5～30μm，其配方如下：

- 硫酸：H_2SO_4，12～25wt%
- 浴溫：21℃
- 電流密度：260A/m^2
- 電壓：12～22V

二、 鉻酸陽極處理：

主要用在塗裝，特別是軍事零件，鍍層厚度約 10μm，其配方如下：

- 鉻酸(chromic acid)：3～10%
- 浴溫：40℃
- 電壓：0～40V，慢慢調高(30 分鐘)
- 電流密度：0.3～0.5A/dm^2

三、 磷酸陽極處理：

主要用在電鍍，產生大量的孔，加強鍍層附著性，其配方如下：

- 磷酸(phosphoric acid)：3～20Vol%
- 浴溫：30～35℃
- 電壓：50～60V
- 時間：15～30min

四、 硬質陽極處理：

係將氧化物膜溶解速率降低，使氧化鍍層厚度大於 250μm，得到非常硬且耐磨的表面，其配方如下：

- 硫酸(sulfuric acid)：15Vol%
- 浴溫：0～3℃
- 電流密度：2～2.5A/dm^2
- 電壓：20～60V
- 時間：60～200min

五、 草酸陽極處理：

此法可得黃色鍍層(yellow coatings)，比傳統硫酸陽極處理鍍層硬，其配方如下：

- 草酸：3～10wt%
- 浴溫：24～35℃
- 電流密度：1～2A/dm^2
- 時間：40～60min

5.6.6 陽極處理鍍層著色

著色方法有下列四種：

一、 電解(Electrolytic procedure)

二、 有機染色(Organic dyes)

三、 無機染色(Inorganic pigments)

四、 電鍍金屬(Electrolytically deposited metal)

※ 封孔(sealing)

封孔為陽極處理的後處理，封孔是將鍍層的孔封住，成為沒有吸附性的表面，或將一些物質滲入鍍層孔內，以改變或改進鍍層特性。

封孔過程包括溶解氧化物及氫氧化物，使其沈積在孔內，而形成具有特性的緻密表面。

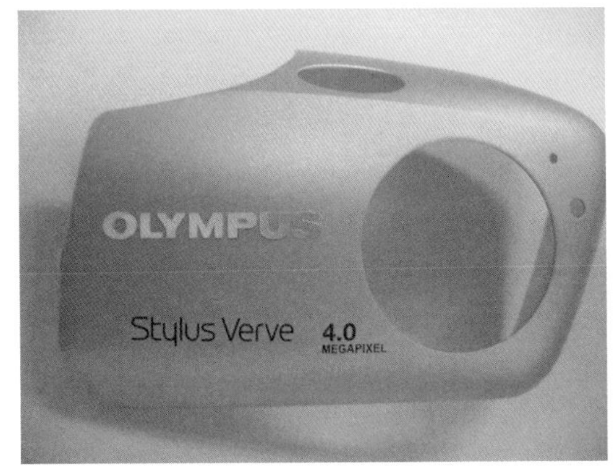

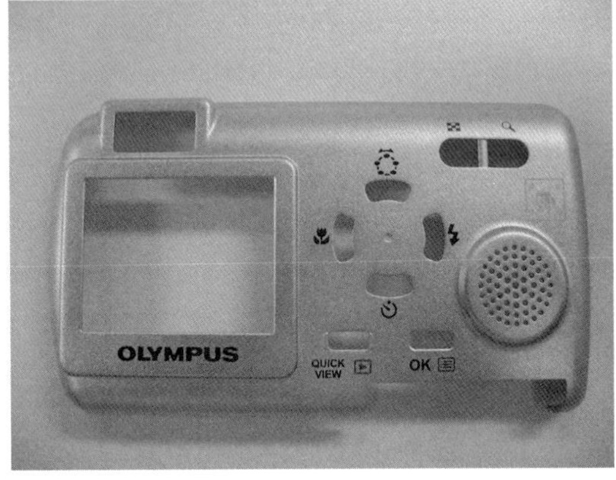

Chapter 6

靜電與電磁波干擾防護

6.1 靜電之形成與對策

一、靜電(Electro Static Discharge , ESD)之形成：

靜電是史載最早發現的一種“電”，西元前 640 年，希臘哲學家 Thaces 把琥珀(Amber)摩擦後發現可以吸附毛髮，而開始知道靜電的存在，以下之日常生活中，常碰到的就是靜電瞬間洩放所產生的現象。

(1) 嚴寒的冬天，當你脫下暖和的毛衣，聽到嗶嗶啪啪聲。

(2) 乾燥的冷天，當伸手去開車門或窗戶，會感到觸電的感覺。

(3) 用手去撫摸家裡的貓，你會發現貓竟然怒髮衝冠。

其實靜電不僅人為才會產生，在空中對流的雲層、沙漠中隨風飄起的砂塵，皆會引起靜電。

二、以抗靜電性區分之材質種類：

(1) 導電性(Conductivity)材質：表面電阻係數在 $10^5\ \Omega/m^2$ 以下。

(2) 靜電衰減性(Static Dissipation)材質：表面電阻係數在 10^5～$10^9\ \Omega/m^2$。

(3) 抗靜電性(Anti-Static)Discharge 材質：表面電阻係數在 10^9～$10^{12}\ \Omega/m^2$。

(4) 絕緣體(Insulator)材質：表面電阻係數在 $10^{12}\ \Omega/m^2$ 以上。

三、各類半導體材料抗靜電能力之比較：

晶片種類	靜電破壞電壓(Volts)
MOSFET	100～200
EPROM	100～
JFET	140～7,000
OP-Amp	190～2,500
CMOS	250～3,000
SCHOTTKY DIODE	300～2,500
TTL	300～2,500
Bipolar Transistor	380～7,000
ECL	500～
SCR	600～10,000

(1) 愈正性(Positive)與愈負性(Negative)物質，相互摩擦產生之靜電愈大。

(2) 相同溫度，但濕度愈低之環境，產生之靜電愈大。

四、靜電影響產品品質之方式：

(1) 人體放電模式(Human Body Mode，簡稱 HBM)：
藉由人體走動摩擦，產生靜電而影響到元件的模式。

人體動作	10%～20%相對濕度	65%～95%相對濕度
走過地毯	35,000Ω/m^2	1,500Ω/m^2
走過塑膠地毯	12,000Ω/m^2	250Ω/m^2
在椅子上工作	6,000Ω/m^2	100Ω/m^2
拿起塑膠文件夾	7,000Ω/m^2	600Ω/m^2
工作椅墊摩擦	18,000Ω/m^2	1,500Ω/m^2

(2) 電場感應模式(Field Induced Mode，簡稱 FIM)：
由於外來電場感應產生電荷，巧遇機緣而將電荷引導接地引起的模式。

(3) 充電元件模式(Charged Device Mode，簡稱 CDM)：
上述 FIM 模式中，當元件被移離開電場或接地時就變成 CDM 模式。

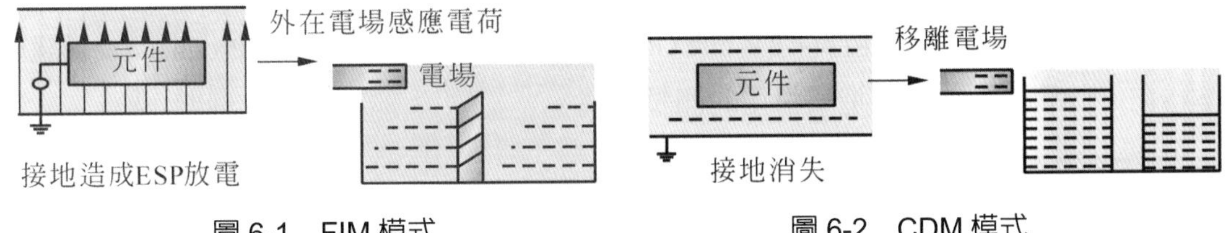

圖 6-1　FIM 模式　　圖 6-2　CDM 模式

五、ESD 破壞元件之原因及形態：

※　**破壞之原因**：

(1) 功率產生：如熱崩潰、金屬被熔融。

(2) 電壓產生：如介電質崩潰、表面崩潰。

(3) 潛在性故障，如功能劣化、降級。

※　**破壞之形態**：

(1) 接面崩熔(Junction Burnout)
過大的電流通過接面時，產生極大的熱量，使得接面崩熔，此種破壞是屬於接面短路，並有二個特性。

a. 即使 ESD 的能量未能打穿接面，也能造成元件的失效。

b. 正向偏壓的 ESD 破壞能量是負向偏壓的 5～15 倍。

(2) 氧化層貫穿(Oxide Punch Through)
由於外加的靜電壓超過了氧化層的崩潰電壓所致，其現象亦是短路。

(3) 金屬層崩熔(Metalization Burnout)

由於過大的電流流經金屬層，並在較脆弱的地方產生，此種狀況經常是伴隨著接面短路或氧化層短路之後發生，故屬於所謂的“二次崩潰”(Secondary Breakdown)，其現象為“斷路”。

六、靜電測試標準介紹：

(1) IEC 6100-4-2：

- IEC：International Electrotechnical Commission。
- 廣泛被世界各國引用的 ESD 測試規格。
- 被歐聯引用之規格稱為 EN6100-4-2。

(2) ANSI C63.16：

- ANSI：American National Standards Institute。
- 廣泛被美國白色貨物(White Goods)、消費性產品(Consumer Products)及通訊產品(Telecom)製造所引用的測試標準。

註

1. 白色貨物指電冰箱、洗衣機、爐具等。
2. 消費性產品指電視機、音響設備等。
3. 靜電測試位準：

Level	接觸放電(KV)(Contact Discharge)	空氣放電(KV)(Air Discharge)
1	2	2
2	4	4
3	6	8
4	8	15
×	Special	Special

4. 靜電測試環境：

   溫度(Ambient Temperature)：15～35°C

   相對溫度(Relative Humidity)：30～60%

   大氣壓力(Atmospheric Pressure)：86 kPa(860mbar)～106kPa(1060mbar)毫巴

5. EUT SETUP：

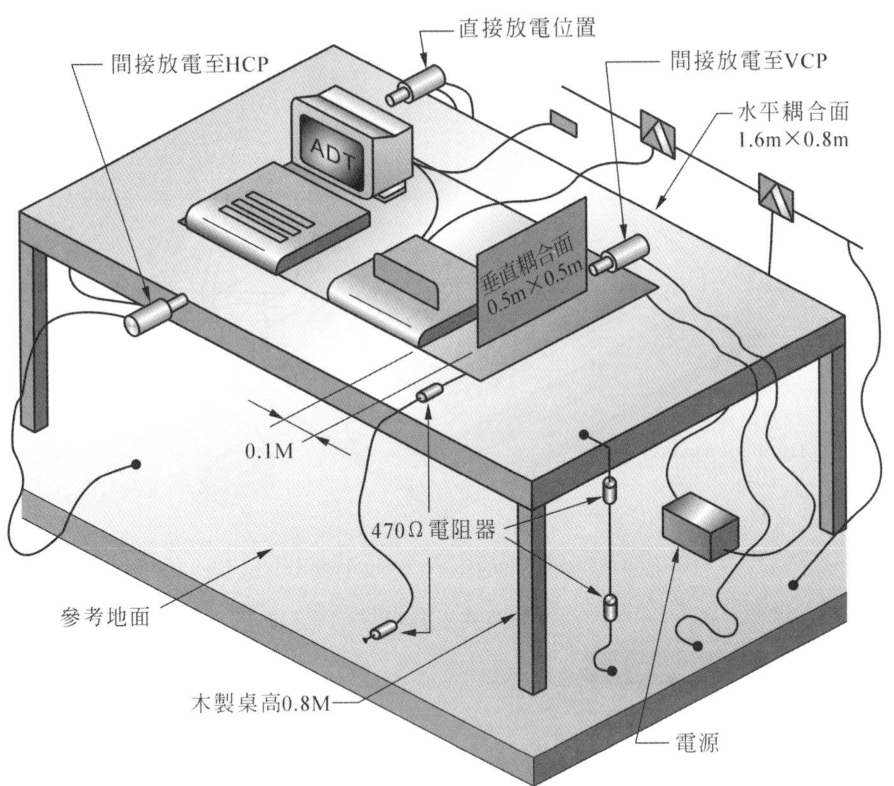

圖 6-3　桌上型

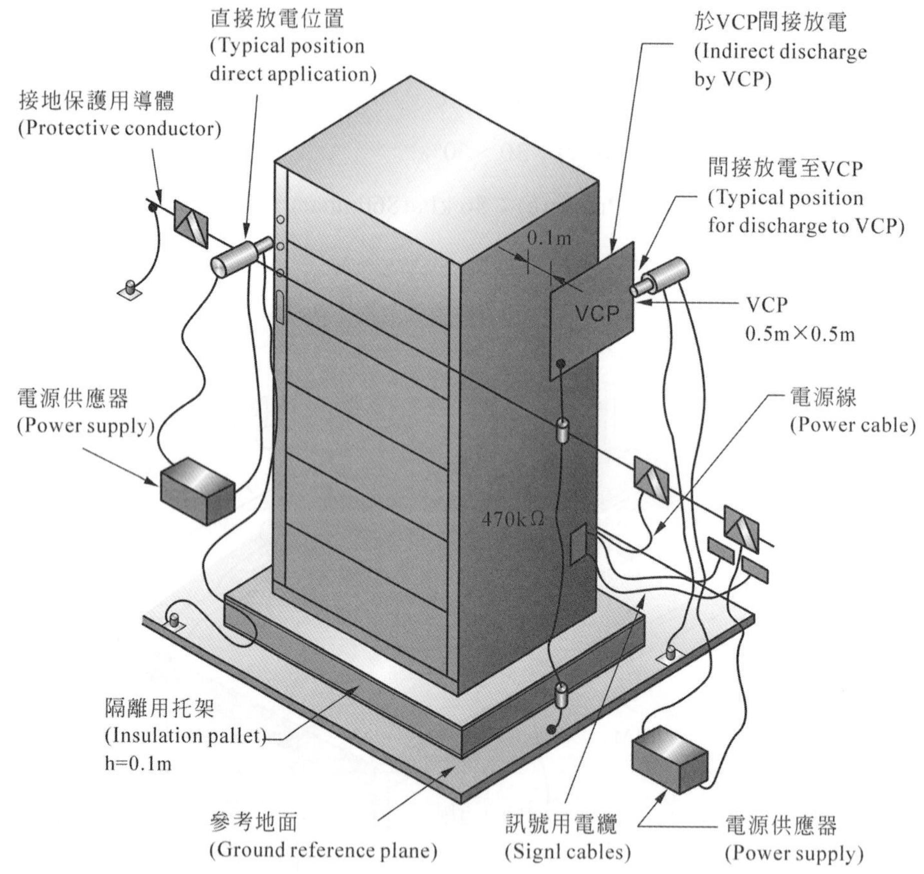

圖 6-4　落地型

註

EUT(Equipment Under Test)：

6. 靜電測試方法(IEC/EN 6100-4-2)

   a. 接觸放電(Contact Discharge)：屬於直接放電之一種。
      將靜電槍頭直接接觸待測物(EUT)，使外殼導電部份，作靜電放電。
      - 待測物(EUT)：金屬或塑膠電鍍導體。
      - 測試規格：每一點至少正/負各連續 25 次以上。

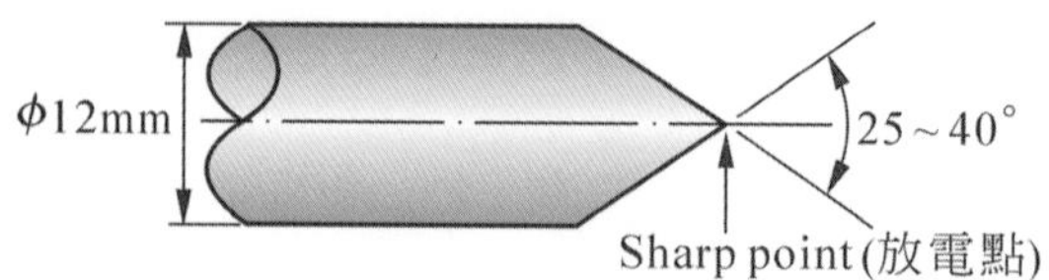

圖 6-5　放電點

b. 隔空放電(Air Discharge)：屬於直接放電之一種。

將靜電槍頭，以垂直角度接近待測物(EUT)外殼，完成放電後，必需將靜電槍，移離待測物(EUT)外殼。

- 待測物(EUT)：非導體。
- 測試規格：每一點至少正/負連續十次以上。

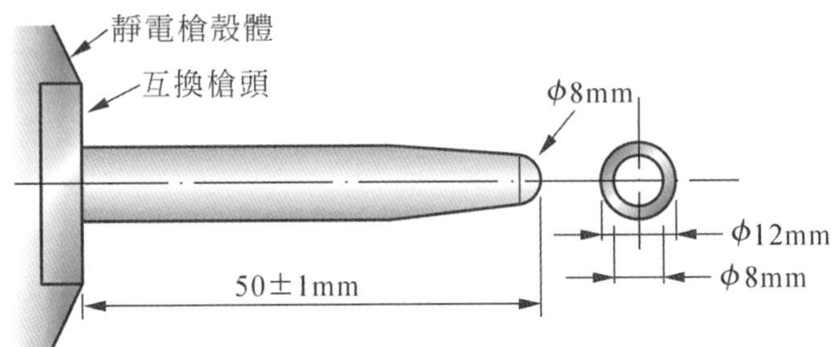

c. 對耦合平面板(Coupling Plane)接觸放電：屬於間接放電之一種，耦合平面板有垂直(VCP)、水平(HCP)之分，以接觸放電方式對 VCP、HCP 放電。

- VCP：VCP 大小爲 0.5m × 0.5m 置於離待測物(EUT) 0.1m 處，並且四個不同平面都需要測試。
- HCP：HCP 大小爲 1.6m × 0.8m 置於離待測物(EUT) 0.1m 處，並且四個不同平面都需要測試。

七、靜電之解決對策：

靜電測試失敗之原因，無非是靜電透過外殼導體或電殼體間隙鑽入，直接損及元件或藉由訊號線路影響正常功能之操作，其解決對策有以下二種：

(1) 疏導法：

利用導體材料如銅箔、接地導線等，將靜電以走捷徑方式導入主板(Main Board)之大地(Ground)。

(2) 絕緣法：

利用絕緣材料如 PVC、Mylar 遮蔽動件縫隙，或全罩保護元件，防堵靜電於殼外。

八、防制靜電產品設計導引：

(1) 主板大地於有限空間限制下，應儘可能增加面積。
(2) 電子零件如 Switch、USB、Jack 等，應選擇有靜電防制措施(接地)。
(3) 訊號連接器位置，應避免離主 IC 太近。

(4) 塑膠電鍍動件，如按鍵，若其設計空間許可，應設計爲兩件式(Two-Piece)(圖 6-6)，或彈簧式按鍵，如圖 6-7 示：

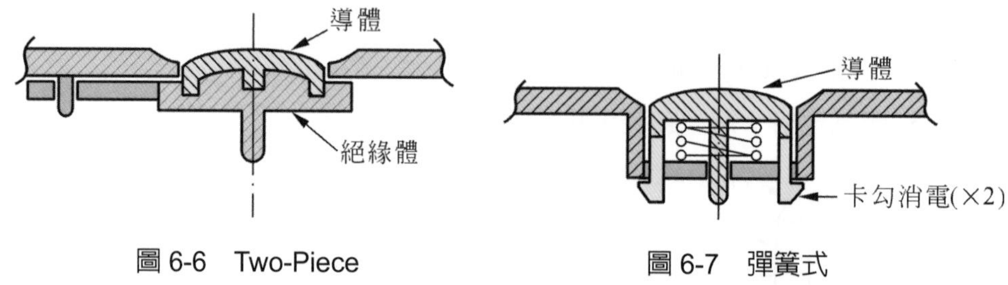

圖 6-6 Two-Piece　　圖 6-7 彈簧式

(5) 塑膠水電鍍部品，內面採取消電處理，或表面採取單面眞空電鍍。

(6) PCB 螺絲鎖付孔位，正反面 PAD 接地採 PTH (PLATING THROUGH HOLE)處理。

(7) 外觀裸露鎖付螺絲，儘可能作接地處理。

(8) 如電子產品配備有 LCD 顯示幕，其外框金屬架，應作接地處理。

(9) 電子產品如外觀設計有金屬或塑膠電鍍飾片，應如圖 6-8 示從外部套入組裝，利用殼體作飾片與內部隔離。

(10) 產品外殼爲鋁金屬殼作陽極(電染)處理，內面應作局部雷射雕刻，使殼體作接地處理，此對策對 ESD 及 EMI 均具實質屏蔽(Shielding)效果，如圖 6-9 示：

註

陽極處理爲絕緣鍍層。

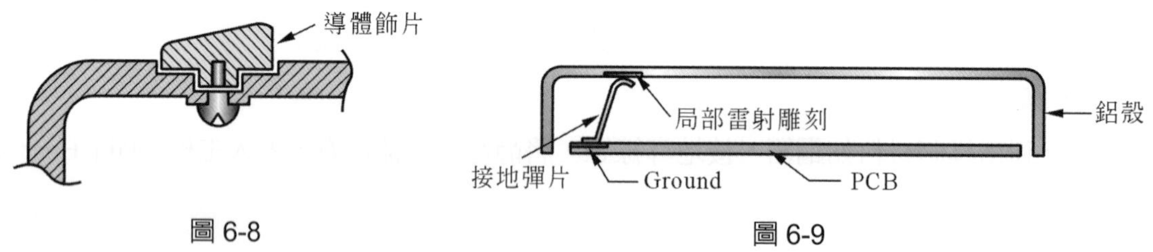

圖 6-8　　圖 6-9

九、防制靜電機構設計重點(實例介紹)：

EMI 防制對策：產品上下蓋內面作無電解電鍍處理。

(1) 上下蓋全周側面崁合部，接觸面積愈大愈好，縫隙愈小愈好，如圖 6-10 示，崁合(Overlap)長度至少大於 5 倍之縫隙。

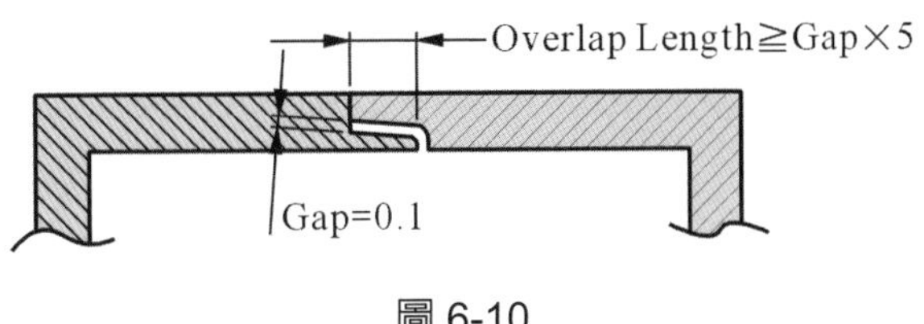

圖 6-10

(2) 上下蓋崁合部，其接觸點，兩點間距必須小於 15mm，防止輻射洩漏，如實體配合發現接觸性不佳，建議如圖 6-11 示分段下蓋加膠(Gap = 0)，強制確實接觸。

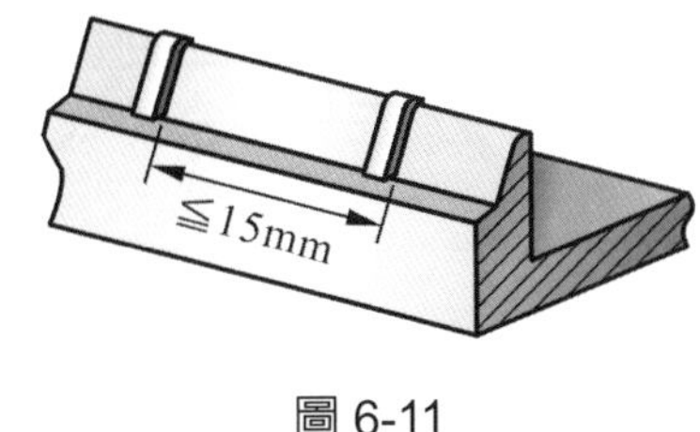

圖 6-11

(3) 兩片 PCB 之訊號線連接，其長度愈短愈好，並儘量使用連接器，作訊號連接。

(4) 殼體外部噴漆，避免因溢漆影響上下蓋，接觸面必須使用精密噴漆治具，遮蔽電鍍面。

(5) 產品外觀之散熱孔、喇叭出音孔、麥克風收音孔，宜避免作長方孔設計，應作圓孔之設計，並符合安規要求，孔數愈少愈佳。

(6) 如產品因散熱之需要，圓孔面積不敷散熱要求，建議設計成長方形隱藏孔，防止雜訊直接由孔外洩。

(7) 主板(Main PCB)儘可能增加接地銅柱，並與上下蓋作導通設計。

(8) 機體內部貼付銅(鋁)箔易接觸線路或零件產生“短路”現象，且生產組裝困難，此爲下下之策，除非不得已，否則儘量避免採用。

6.2 電磁波干擾防制

防制電磁波干擾(Electro Magnetic Interference，簡稱 EMI)之設計，在各種家電及資訊產品中，由於需要數種周邊設備相互搭配使用，使得各電路間會產生互相干擾之問題，而使收訊不良，其中以電磁波干擾(EMI)及雜訊(Noise)最常發生。電磁波干擾及雜訊之起因，大部份爲電路元件的分佈密度過高，加上積體電路大幅縮小了產品的體積及電路板的面積，因而增加元件相互干擾的機會。

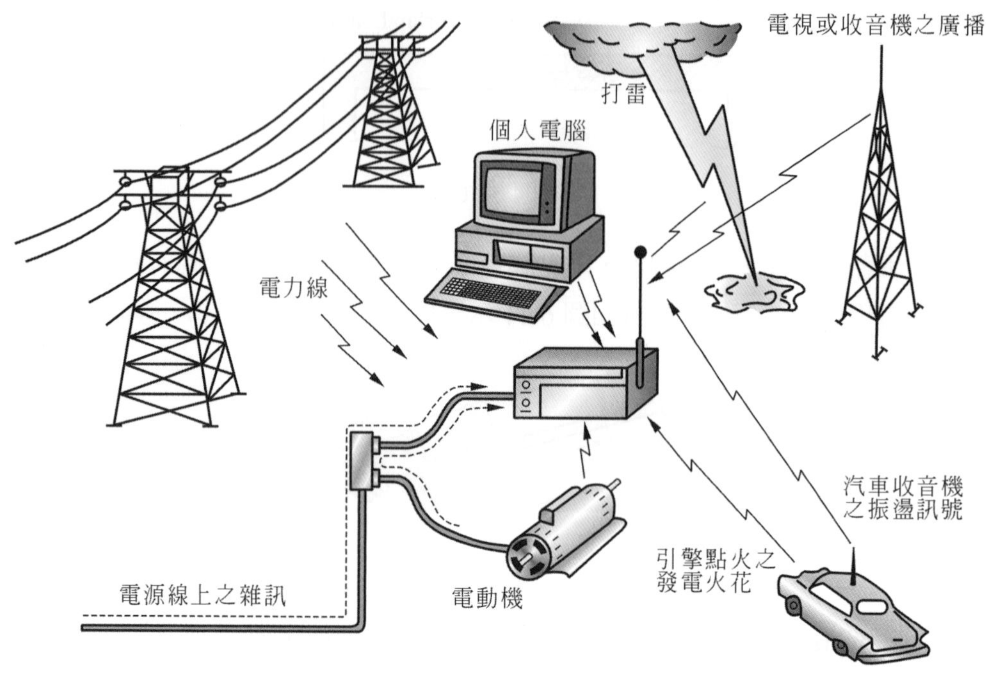

圖 6-12　室內電子產品相互干擾之實例

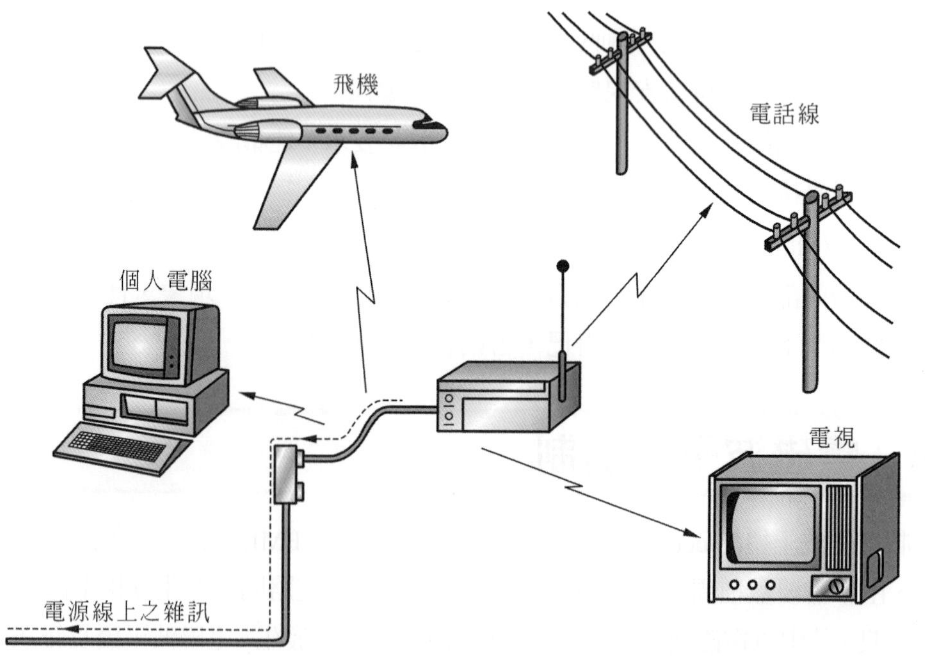

圖 6-13　戶外電子產品相互干擾之實例

一、電磁波干擾之影響因素及對策：

雜訊經由幅射路徑或實際導電路徑造成電磁波干擾，其影響因素及對策如下：

	影響因素	對策
(1)	雜訊源	抑制雜訊於雜訊源附近
(2)	接收器	偵測附近接收器對雜訊之反應
(3)	傳導路徑	減少傳導路徑之雜訊傳送量

我們應當瞭解雜訊是不可能完全被去除的，但是經由適當的接地(Grounding)，屏蔽(shielding)與濾波(Filtering)，則可將其干擾儘量降低，對於一個良好的電路設計，預防勝於發生問題後的電路修改，在電路板的佈局即開始做好雜訊防制的工作，是建構可靠度低雜訊電子系統的首要工作。如圖 6-14 為 EMI 的雜訊源傳導路徑與接收器相對關係圖。

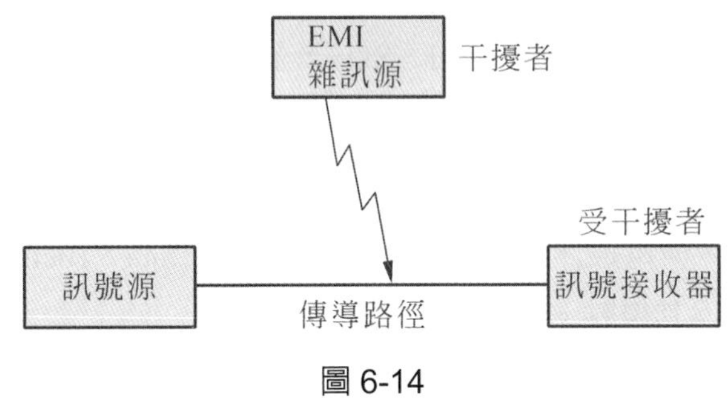

圖 6-14

(1) 此三者必需一起出現，才會有 EMI 的問題存在。

(2) 若是三者之一被排除於系統之外或被減少，干擾才會消失或降低。

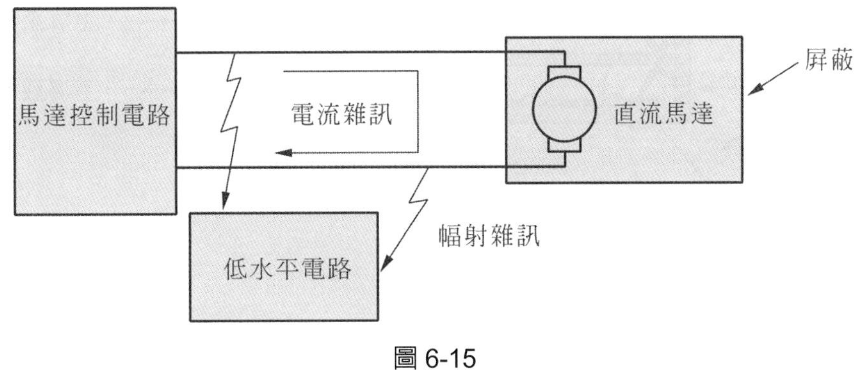

圖 6-15

二、電磁相容性(Electromagnetic Compatibility, EMC)介紹：

基本上所有的電子電路都會發射 EMI，同時又受到 EMI 的干擾，因此電子裝置的設計應該既不受到外在 EMI 干擾源的影響，本身也不應成爲 EMI 的干擾源，此一設計理念即爲電磁相容性(EMC)。大多數電子設備的 EMI 是藉由傳導性方式接收，少數則來自無線電頻率之輻射接收，在數位電路中，最臨限(Most Critical)的信號最易受到 EMI 的干擾，例如重置、中斷以及控制線路訊號在類比電路中，類比低階放大器信號轉換器、補償電路等，則對雜訊干擾最爲敏感。

三、電磁波干擾的防制方法：

(1) 降低電磁波干擾的散佈：

利用遮蔽物來降低電路對電磁干擾敏感性，屬於消極作法。

a. 使用金屬罩直接對干擾元件作屏蔽。

b. 產品外殼使用金屬材質如 Al、SUS，並作接地設計。

c. 產品塑膠外殼作無電解電鍍或濺鍍處理，並作接地設計。

d. 產品塑膠外殼內面作噴塗導電漆處理，並作接地設計，而導電漆可分銀系及銅系二種，與電鍍作比較，其阻抗值較電鍍爲高，10cm 的距離阻抗爲 0.5Ω，價格便宜爲其優點。

e. 產品塑膠外殼、內襯屏蔽金屬板(Shielding Plate)材質一般選用馬口鐵，除上下殼屏蔽板必須同時與主板作接地處理，其接地點間距勿超過 15mm，如圖 6-16 示：

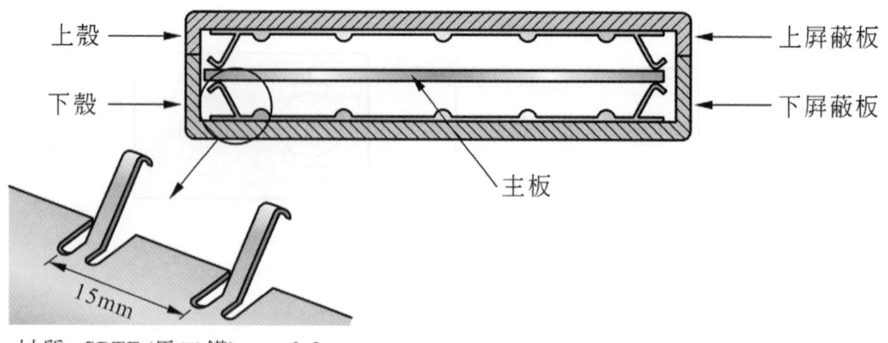

圖 6-16

f. 塑膠電鍍殼體：接地設計實例(圖 6-17)。

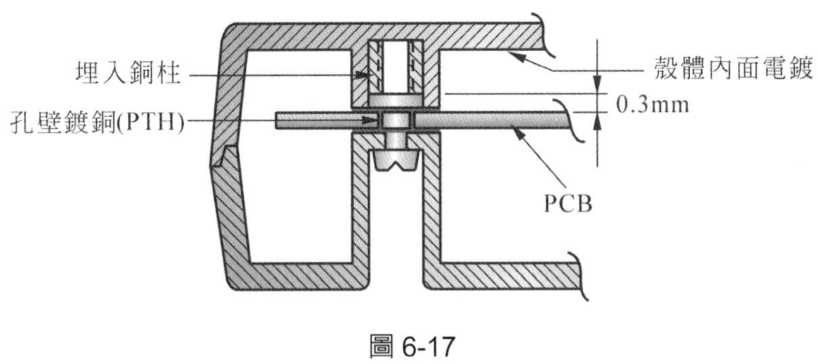

圖 6-17

註

1. 銅柱採熱熔方式，銅柱不與殼體接通導電，必須下陷 0.3mm，使螺絲柱端面鍍層確實接觸 PCB 的 Ground PAD。
2. 銅柱若採埋入射出(Moding)方式，則銅柱不需下陷。

g. 產品若有螢幕板(Display)配備設計，其 LCD 轉接訊號線 EMI 對策建議如下

① 訊號線(Cable)包覆金屬編織網或導電布，兩端並設計接地導線作接地處理如圖 6-18 示：

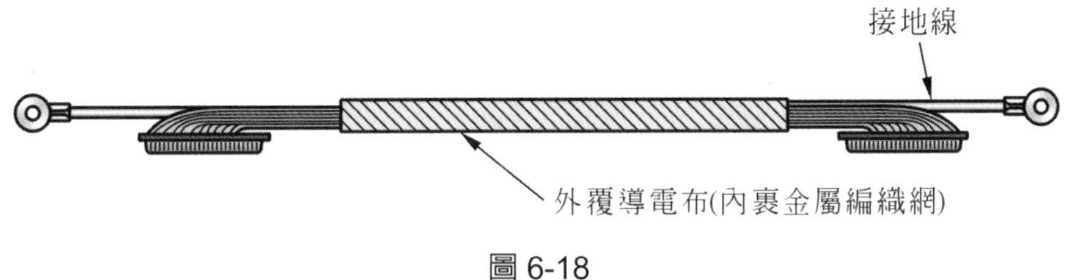

圖 6-18

② 使用同軸電纜(Coaxial Cable)(圖 6-19)作爲訊號線材料，同軸電纜因纜線內兩種導體共同一個中心軸而得名，係利用編織細密的銅網來保護中心的導體，免受外部電流的干擾，其資料傳輸速率可達每秒一億位元。

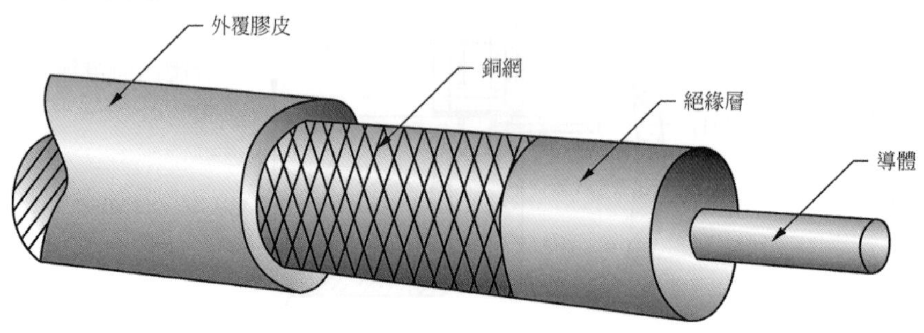

圖 6-19　同軸電纜

商業應用：海底電纜、地下電纜、有線電視系統、電子產品。

③ 使用 FPC(Flexible Print Cable)作爲訊號線材料 EMI 對策如下：

(1) FPC 內層追加接地層(Ground Layer)屏蔽雜訊。

(2) FPC 外層印刷銀漿鍍層，屏蔽訊號雜訊。

h. LCD 螢幕板外框金屬殼必須與主板作接地處理。

i. 外接插頭如 USB、Earphone、Jack Cable 等，必要時追加鐵氧心(Ferrite Core)過濾雜訊如圖 6-20 示：

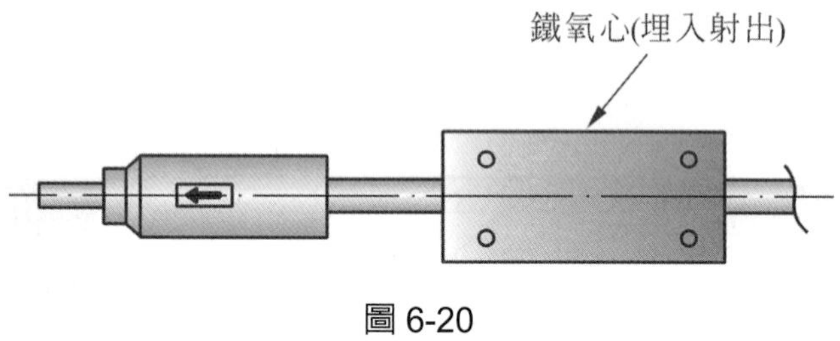

圖 6-20

註

以上 EMI 防治對策，應視實際測試結果作選擇性採用。

(2) 提高電磁干擾的免疫能力：

預防勝於治療，加強電路設計，著重於 PCB 的佈線原則，可有效地降低發射體雜訊的強度，並提昇電路對雜訊的免疫能力，屬於較積極的作法。

機構專業辭彙

1. 組裝、沖壓、噴漆、生產線辭彙

	No.		
A	1	Abrasion	磨耗
	2	add lubricating oil	加潤滑油
	3	air pipe	氣管
	4	alcohol container	沾濕台
	5	analog-mode device	類模器
	6	argon welding	氬焊
	7	Assembly line	組裝線
	8	automatic screwdriver	自動起子
	9	automation	自動化
B	10	band-aid	OK 繃
	11	barcode	條碼
	12	barcode scanner	條碼掃描器
	13	basket	籃子
	14	bezel panel	面板
	15	bottom stop	下死點
	16	Breaking,(be)broken,(be)cracked	斷裂
	17	buzzle	蜂鳴器
C	18	career card	履歷卡
	19	carton	紙箱

	20	chain	鏈條
	21	character die	字模
	22	chassis	基座
	23	classification	分類
	24	cleaning cloth	抹布
	25	cleanness	清潔
	26	common equipment	常用設備
	27	conservation	保存
	28	consume, consumption	消耗
	29	conveyer	輸送器
	30	conveyer belt	輸送帶
	31	cosmetic defect	外觀不良
	32	Cosmetic inspect	外觀檢查
	33	critical defect	極嚴重缺陷
	34	**CTN**, Carton	紙箱
	35	Culture	教養
D	36	**D/C,** Date Code	生產日期碼
	37	defective product box	不良品箱
	38	defective product label	不良標籤
	39	defective to staking	鉚合不良
	40	defective upsiding down	倒置不良
	41	defective-products, not up-to-grade products	不良品
	42	deficient manufacturing procedure	製程不良
	43	deficient purchase	來料不良
	44	delivery deadline	交貨期
	45	delivery, to deliver	交貨
	46	demand and supply	需求
	47	dents	壓痕
	48	department director	部長
	49	deputy manager =vice manager	代理經理
	50	deputy section supervisor =vice section supervisor	代理課長
	51	die (mould)change	換模
	52	die (mould)worker	模工
	53	die lifter	舉模器
	54	die locker	鎖模器
	55	die(mould) repair	修模
	56	dimension/size is a little bigger	尺寸偏大

	57	Discoloration	變色
	58	Driller	鑽床
E	59	easily damaged parts	易損件
	60	education and training	教育與訓練
	61	electric screw driver	電動起子
	62	electrical sparkle	電火花
	63	embedded lump	鑲塊
	64	EMI gasket	導電條
	65	engineering	工程
	66	engineering difficulty, project difficulty	工程瓶頸
	67	Equipment	設備
	68	Evaluation	評估
	69	excessive defects	過多的缺陷
	70	excesssive gap	間隙過大
	71	exposed metal/bare metal	金屬裸露
F	72	factory director	廠長
	73	failure, trouble	故障
	74	Fasten	鎖緊(螺絲)
	75	feature change	特性變更
	76	Feeder	送料機
	77	feeding is not in place	送料不到位
	78	final inspection	終檢
	79	fit together	組裝在一起
	80	fixture	夾(治)具
	81	flow board	流水板
	82	fold of pakaging belt	打包帶皺折
	83	forefinger	食指
	84	forklift	叉車
	85	front plate	前板
	86	fuse machine	熱熔機
	87	fuse together	熔合
G	88	garbage bag	垃圾袋
	89	garbage can	垃圾箱
	90	garbage container	畚箕
	91	gauge(or jig)	量規(或治具)
	92	general manager	總經理
	93	glove(s) with exposed fingers	割手套

	94	grease/oil stains	油污
	95	grinder	磨床
	96	group leader/supervisor	組長
H	97	head of screwdriver	起子頭
	98	Hi-pot test of SPS	高源高壓測試
	99	human resource department	人力資源部
	100	hydraulic handjack	油壓板車
	101	hydraulic machine	油壓機
I	102	**ID/C,** Identification Code	(供應商)識別碼
	103	identifying sheet list	標示單
	104	Inch	寸動
	105	inclusion	雜質
	106	inner parts inspect	內部零件檢查
	107	inquiry, search for	查尋
	108	isolating plate baffle plate; barricade	隔板
	109	iudustrial alcohol	工業酒精
L	110	**L/N,** Lot Number	批號
	111	lack of painting	烤漆不良
	112	lamp holder	燈架
	113	Lathe	車床
	114	lbs. Inch	鎊、英寸
	115	left fork /fork lift	叉車
	116	line supervisor	線長
	117	linear(wire) cutting	線切割
	118	little finger	小指
	119	Location lump, locating piece, block stop	定位塊
	120	lots of production	批量生產
M	121	magnetizer	充磁器
	122	major defect	主要缺陷
	123	manufacture management	製造管理
	124	manufacture procedure	製程
	125	material (/stock) change	材料(庫存)變更
	126	material check list	物料檢查表
	127	ME	製造工程
	128	midfinger	中指
	129	mildewed=moldy=mouldy	發黴
	130	miller	銑床

	131	minor defect	次要缺陷
	132	missing part	漏件
	133	mixed color	雜色
	134	**MO,** Manufacture Order	生產單
	135	molding factory	射出成形廠
	136	mop	拖把
	137	MT	製造生技
N	138	name of a department	部門名稱
	139	not up to grade, not qualified	不合格
	140	not up to standard	不合規格
O	141	one stroke	一行程
	142	operation procedure	作業流程
	143	operator	作業員
	144	oxidation	氧化
P	145	**P/N,** Part Number	料號
	146	packaging tool	打包機
	147	painting factory	烤漆廠
	148	painting make-up	補漆
	149	painting peel off	髒汙
	150	**PAL,** Pallet/skid	棧板
	151	pallet	棧板
	152	**PCS,** Pieces	個(根、塊等)
	153	pedal	踩踏板
	154	planning department	企劃部
	155	plastic basket	塑膠筐
	156	plastic parts	塑膠件
	157	Pneumatic screw driver	氣動起子
	158	**PO,** Purchasing Order	採購訂單
	159	polishing/surface processing	表面處理
	160	poor incoming part	來料不良
	161	poor processing	製程不良
	162	poor staking	鉚合不良
	163	position	職務
	164	power button	電源按鍵
	165	power wire	電源線
	166	prepare for, make preparations for	準備
	167	president	董事長

168 pressure plate=plate pinch ········ 壓板
169 processing, to process ········ 加工
170 production capacity ········ 生產力
171 production department ········ 生產部門
172 production line ········ 生產線
173 production unit ········ 生產單位
174 production, to produce ········ 生產
175 projects ········ 企劃
176 proposal improvement ········ 提案改善
177 PRS, Pairs ········ 雙(對)
178 punch press, dieing out press ········ 沖床
179 punching machine ········ 沖床
Q 180 qualified-products,/up-to-grade products ········ 良品
R 181 rack, shelf, stack ········ 料架
182 rag ········ 抹布
183 rear plate ········ 後板
184 Receive ········ 領取
185 registration ········ 登記
186 registration card ········ 登記卡
187 regulation ········ 整頓
188 repair ········ 修理
189 reset ········ 重定
190 reset button ········ 重置鍵
191 reverse angle = chamfer ········ 倒角
192 ring finger ········ 無名指
193 Rivet gun ········ 鉚釘槍
194 Rivet table ········ 鉚釘機台
195 roll material ········ 捲料
196 rotating speed, revolution ········ 轉速
197 rust ········ 生銹
S 198 safe stock ········ 安全庫存
199 safety ········ 安全
200 scraped ········ 報廢；刮；削
201 scratch ········ 刮傷
202 screwdriver holder ········ 起子插座
203 section supervisor ········ 課長
204 sheet metal parts ········ 沖薄板件

205 shrinking/shrinkage .... 縮水
206 shut die .... 架模
207 shut height of a die .... 架模高度
208 sliding rack .... 滑料架
209 slipped screwhead/shippery screw thread .... 滑牙
210 slipped screwhead/slippery screw head .... 螺絲滑頭
211 smoothly .... 順利
212 speckle .... 斑點
213 stage die .... 工程模
214 staker=reviting machine .... 鉚合(接)機
215 stamping factory .... 沖壓廠
216 stamping, press .... 沖壓
217 stamping-missing .... 漏沖
218 standard parts .... 標準件
219 statistics .... 統計
220 steel plate .... 鋼板
221 stop/switch off a press .... 關機
222 sub-line .... 支線
223 Supervisor .... 課長
224 sweeper .... 掃把
225 **SWR**, Special Work Request .... 特殊工作需求

T

226 Taker .... 取料機
227 thickness gauge .... 厚薄規
228 Thumb .... 大拇指
229 thumb screw .... 大頭螺絲
230 Tiana .... 松香水
231 to apply oil .... 擦油
232 to clean a table .... 擦桌子
233 to clean the floor .... 掃地
234 to collect, to gather .... 收集
235 to compress, compressing .... 壓縮
236 to connect material .... 接料
237 to continue, cont. .... 聯動
238 to control .... 管制
239 to draw holes .... 抽孔
240 to feed, feeding .... 送料
241 to file burr .... 銼毛刺

242 to fill in 填寫
243 to fix a die 裝模
244 to grip(material) 吸料
245 to impose lines 壓線
246 to load a die 裝上模具
247 to load material 上料
248 to looser a bolt 擰鬆螺栓
249 to lubricate 潤滑
250 to mop (the floor) 拖(地)
251 to move away (a die plate) 移走(模板)
252 to move, to carry, to handle 搬運
253 to notice 通知
254 to pull and stretch 拉伸
255 to put forward and hand in 提報
256 to put material in place, to cut material, to input 落料/上料
257 to repair a die(mould) 修模
258 to return delivery to 退貨
259 to return material/stock to 退料
260 to reverse material 翻料
261 to revise, modify 修訂
262 to send delivery back to return of goods 退貨
263 to stake, staking, riveting 鉚接
264 to stock, storage, in stock 庫存
265 to storage 入庫
266 to switch over to, switch---to throw--over switching over 切換
267 to take apart a die(mould) 拆模
268 to tight a bolt 擰緊螺栓
269 to unload material 卸料
270 top stop 上死點
271 trailer=long vehicle 拖板車
272 transmission rack 輸送架
273 Transportation 運輸
274 trolley 台車

U 275 uncoiler and straightener 整平機

V 276 vacuum cleaner 吸塵器
277 vocabulary for stamping 沖壓辭彙

	278	voltage switch of SPS	電源電壓接拉鍵
W	279	waste	廢料
	280	water spots	水漬
	281	welder	電焊機
	282	wet station	沾濕台
	283	work cell	工作間
	284	worktable	工作桌
	285	wrong part	錯件

生產線各站站名

1	**BS**(Board Split)	分板
2	**BD**(Board Check)	檢板
3	**PD**(Program Download)	下載程式
4	**SDB**(Serial & Data Burn In)	燒碼
5	**PT**(PCBA Test)	PCBA 測試
6	**PFT**(PCBA Function Test)	開機檢驗
7	**FHA**(Front Housing Assy)	前蓋組裝
8	**RHA**(Rear Housing Assy)	後蓋組裝
9	**PA**(PCB Assy)	PCBA 組裝
10	**CS**(Close & Screw)	合蓋打螺絲
11	**FAT**(Function Advance Test)	功能預測試
12	**MT**(Mobile Test)	手機測試
13	**FCT**(Final Check Test)	最終測試
14	**LA**(Lens Assy)	鏡片組裝
15	**LP**(Lens Press)	合壓鏡片
16	**SFT**(Surface & Function Test)	外觀檢測
17	**SFT**(Surface & Function Test)	功能檢測
18	**SFT**(Surface & Function Test)	外觀複測
19	**Packing**	包裝

2. 沖模－加工類

	No.		
B	1	barreling	滾光
	2	belling	鐘形凸緣加工
	3	bending	彎曲
	4	blanking	下料
	5	bulging	脹大
	6	burring	沖緣
C	7	cam die bending	凸輪橫彎
	8	caulking	逼緊
	9	coining	壓印
	10	compressing	壓縮
	11	compression bending	壓縮彎曲
	12	crowning	隆起
	13	curl bending	捲邊
	14	curling	捲曲
D	15	dinking	沖切
	16	double shearing	疊板裁斷
	17	drawing	引伸
	18	drawing with ironing	引縮光製
E	19	embossing	浮花壓製
	20	extrusion	擠製
F	21	filing	銼削
	22	fine blanking	精密下料
	23	finish blanking	光製下料
	24	finishing	精整
	25	flanging	凸緣加工
	26	folding	折邊彎曲
	27	forming	成形
I	28	impact extrusion	衝擊擠壓
	29	indenting	壓痕
	30	ironing	引縮
K	31	knurling	滾花
L	32	lock seaming	接縫接合
	33	louvering	百葉窗板加工
M	34	marking	刻印

N	35	notching	沖口
P	36	parting	分斷
	37	piercing	沖孔
	38	progressive bending	連續彎曲
	39	progressive blanking	連續下料
	40	progressive drawing	連續引伸
	41	progressive forming	連續成形
R	42	reaming	鉸孔
	43	restriking	二次精沖
	44	riveting	鉚接
	45	roll bending	滾筒彎曲
	46	roll finishing	滾壓
	47	rolling	壓延
	48	roughing	粗加工
S	49	scrapless machining	無廢料加工
	50	seaming	折彎重疊加工
	51	shaving	修邊
	52	shearing	切斷
	53	sizing	精壓/矯正
	54	slitting	切縫
	55	spinning	捲邊
	56	staking	鉚合
	57	stamping	鍛壓
	58	swaging	擠鍛
T	59	trimming	整緣
U	60	upsetting	鍛粗
W	61	wiring	抽線

2. 沖模－模板類

	No.		
B	1	bottom block	下墊腳
	2	bottom plate	下托板(底板)
D	3	die holder	母模固定板
	4	die pad	下墊板
	5	die set	模座
F	6	feature die	公母模

	7	female die	母模(凹模)
I	8	inner stripper	內脫料板
L	9	lower plate	下模板
	10	lower stripper	下脫料板
M	11	male die	公模(凸模)
O	12	outer stripper	外脫料板
P	13	punch holder	沖頭固定板
	14	punch pad	沖頭墊板
	15	punch set	上模座
S	16	stripper pad	脫料背板
	17	stripping plate	脫料板
T	18	top block	上墊腳
	19	top plate	上托板(頂板)
U	20	up stripper	上脫料板
	21	upper plate	上模板

2. 沖壓－零件類

	No.		
A	1	air cushion plate	氣墊板
B	2	bending block	折刀
D	3	deburring punch	去毛邊沖子
G	4	guide pad	導料塊
L	5	located block	定位塊
	6	lower sliding plate	下滑板
R	7	reel-stretch punch	捲曲壓平沖子
	8	ribbon punch	壓筋沖子
	9	roller	滾筒
	10	round punch	圓衝子
S	11	sliding dowel block	滑動定位塊
	12	special shape punch	異形沖子
	13	spring box	彈簧箱
	14	spring-box eject-rod	彈簧箱頂桿
	15	stamped punch	字模沖子
	16	stiffening rib punch = stinger	加強筋沖子
	17	supporting block for location	定位支撐塊
T	18	trimming punch	修邊沖子

	No.		
	19	upper holder block	上固定塊
	20	upper mid plate	上中間板

2. 沖壓－五金零件類

	No.		
E	1	eq-height sleeves=spool	等高套筒
I	2	inner guiding post	內導柱
	3	inner hexagon screw	內六角螺釘
L	4	lifter guide pin	浮升導料銷
O	5	outer bush	外導套
	6	outer guiding post	外導柱
P	7	pin	銷
S	8	stop screw	定位螺絲
W	9	wire spring	圓線彈簧

2. 沖壓－模具工程類

	No.		
B	1	blanking	下料
D	2	deburr or coin	去毛邊
	3	dome	凸圓
	4	draw hole	抽孔
E	5	emboss	壓花
F	6	forming die	成形模
G	7	gang dies	複合模
	8	groove	壓線
P	9	pierce	沖孔
	10	pierce die	沖孔模
	11	plain die	簡易模
	12	punch riveting	衝壓鉚合
R	13	reel stretch	捲圓壓平
	14	riveting die	鉚合模
S	15	semi-shearing	半剪
	16	shearing die	剪邊模
	17	side stretch	側衝壓平

	18	stamp letter	沖字
	19	stamp mark	沖記號
T	20	tick-mark far side	反面壓印
	21	tick-mark near side	正面壓印

3. 塑件&模具

	No.		
A	1	air vent	排氣道
B	2	band heater	環帶狀電熱器
C	3	CAV, Cavity	模穴
	4	chip	細碎物
	5	cold slag	冷料渣
	6	compresion molding	壓縮成形
	7	core	模心；公模
	8	cylinder	汽缸
D	9	diaphragm gate	隔膜澆口
	10	dish gate	圓盤形澆口
E	11	edge gate	側緣澆口
	12	eject pin	頂出銷
	13	eject rod (bar)	(成形機)頂出棒
	14	encapsulation molding	低壓封裝成形用模具
F	15	fan gate	扇形澆口
	16	film gate	薄膜澆口
	17	flash gate	閘門澆口
	18	flash mold	溢流式模具
H	19	handle mold	掌上型模具
	20	hot runner	熱澆道
I	21	insert core	入子；中子
	22	insulated runner	絕緣式澆道
K	23	knock pin	推出銷
L	24	leather cloak	仿皮革
	25	long nozzle	延長式噴嘴
O	26	orientation	定向
P	27	pin gate	針點澆口
	28	piston	活塞
	29	positive mold	擠壓式模具

	30	post screw insert	螺紋套筒埋植
R	31	return pin	回位銷
	32	Runner less	無澆道
	33	runner plate	澆道板
	34	runner stripper plate	澆道脫料板
	35	runner system	澆道系統
S	36	self tapping screw	自攻螺絲
	37	shiver	飾紋
	38	side gate	側澆口
	39	slag well	冷渣井
	40	sleeve	套筒
	41	slit gate	縫隙澆口
	42	spear head	鉋尖頭
	43	spindle	閥針
	44	sprue	錐道
	45	sprue gate	錐道澆口；直澆口
	46	sprue less	無錐道方式
	47	sprue lock pin	錐道勾銷(拉料銷)
	48	stress crack	應力龜裂
	49	stripper	脫料板
	50	stripper plate	脫料板
	51	submarine gate	潛入式澆口
T	52	tab gate	搭接澆口
	53	taper	脫模斜度
	54	three-plate	三板式(模具)
	55	tunnel gate	隧道式澆口
	56	two-plate	兩板式(模具)
V	57	valve gate	閥門澆口
W	58	welding line	熔合線
	59	welding mark	熔合痕
	60	well type	蓄料井

4. 各式模具分類用語

	No.		
B	1	bismuth mold	鉍鑄模
	2	blank through dies	自落式下料模

	3	burnishing die	擠光模
	4	button die	鑲入式圓形凹模(鈕扣模)
C	5	center-gated mold	中心澆口式模具
	6	chill mold	硬用鑄模
	7	clod hobbing	冷擠壓製模
	8	composite dies	複合模
	9	counter punch	反凸模
D	10	double stack mold	雙層模具
	11	duplicated cavity plate	複板模
E	12	electroformed mold	電鑄成形模
	13	expander die	擴徑模
	14	extrusion die	擠出模
F	15	family mold	一模一製品量式模具或家族模
	16	fantail die	扇尾形模具
	17	fishtail die	魚尾形模具
G	18	gypsum mold	石膏(鑄)模
H	19	hot-runner mold	熱澆道式模具
I	20	ingot mold	鑄錠模
L	21	lancing die	切口模
	22	landed plunger mold	有肩柱塞式模具
	23	landed positive mold	有肩全壓式模具
	24	loading shoe mold	套料式模具
	25	loose detail mold	活零件模具
	26	loose mold	活動式模具
	27	louvering die	百葉窗形沖切模
M	28	manifold die	分歧管式模具
	29	modular mold	組合式模具
	30	multi-cavity mold	多模穴式模具
	31	multi-gate mold	複式澆口式模具
O	32	offset bending die	偏位模具
P	33	palletizing die	疊層模
	34	plaster mold	石膏模
	35	porous mold	通氣性模具
	36	positive mold	全壓式模具
	37	pressure die	壓緊模
	38	profile die	輪廓模

	39	progressive die, follow (-on)die	連續模
	40	protable mold	手提式模具
	41	prototype mold	雛形試驗模具
	42	punching die	沖料模
R	43	raising(embossing)	壓花
	44	re-entrant mold	倒角式模具
	45	runless injection mold	無澆道式射出成形模具
S	46	sectional die	分割模
	47	segment mold	分割模
	48	semi-positive mold	半全壓式模具
	49	shaper	定型模套
	50	single cavity mold	單穴模
	51	solid forging die	整體式鍛模
	52	split forging die	拼合鍛模
	53	split mold	分割模
	54	sprueless mold	無錐道式模具
	55	squeezing die	擠壓模
	56	stretch form die	拉伸成形模
	57	sweeping mold	平刮鑄模
	58	swing die	振動模具
T	59	three plates mold	三板式模具
	60	trimming die	修邊模
U	61	unit mold	單元式模具
	62	universal mold	通用模具
	63	unscrewing mold	退扣式模具
Y	64	yoke type die	軛形模

5. 各種模具常用成形方式

	No.		
A	1	accurate die casting	精密壓鑄
C	2	calendaring molding	壓延成形
	3	cold chamber die casting	冷式壓鑄
	4	cold forging	冷鍛
	5	compacting molding	粉末壓縮成形
	6	compound molding	複合成形
	7	compression molding	壓縮成形

D	8	dip mold	浸漬成形
E	9	extrusion molding	擠出成形
F	10	foam forming	發泡成形
G	11	gravity casting	重力鑄造
H	12	hollow(blow) molding	中空(吹出)成形
	13	hot chamber die casting	熱室壓鑄
	14	hot forging	熱鍛
I	15	injection molding	射出成形
	16	investment casting	精密鑄造
L	17	laminating method	披覆淋膜成形
	18	lost wax casting	脫蠟鑄造
	19	low pressure casting	低壓鑄造
M	20	matched mould thermal forming	對模熱成形模
P	21	powder forming	粉末成形
	22	powder metal forging	粉末鍛造
	23	press forging	沖鍛
R	24	rocking die forging	搖動鍛造
	25	rotary forging	迴轉鍛造
	26	rotational molding	離心式成形
	27	rubber molding	橡膠成形
S	28	sand mold casting	砂模鑄造
	29	shell casting	殼模鑄造
	30	sinter forging	燒結鍛造
	31	six sides forging	六面鍛造
	32	slush molding	凝塑成形
	33	squeeze casting	壓擠鑄造
T	34	transfer molding	傳送成形
W	35	warm forging	溫鍛

6. 模具工程常用辭彙

	No.		
A	1	active plate	活動板
	2	air-cushion eject-rod	氣墊頂桿
	3	alkalidipping	脫脂
	4	alkaline etching	碱咬
	5	alloy	合金

	6	anodize	陽極處理
	7	approved by	核准
	8	approved by / checked by / prepared by	核准/審核/承辦
	9	assembly	組裝
	10	angular offset	角度偏移
	11	auxiliary fuction	輔助功能
	12	available material	可用品
B	13	beacon	警示燈
	14	bezel	斜視規
	15	blanking	下料
	16	blush	導色
	17	bolt	螺栓
	18	boring	搪孔
	19	bushing block	襯套
C	20	cam block	凸輪塊
	21	cam driver	凸輪驅動
	22	carbonization	碳化
	23	casing = containerization	裝箱入櫃
	24	Chromate	鉻酸鹽
	25	club car	高爾夫球車
	26	coil stock	捲料
	27	compound die	複合模
	28	concave	凹
	29	convex	凸
	30	coolant	冷卻劑
	31	coordinate	座標
	32	cover plate	蓋板
	33	crank shaft	曲柄軸
	34	crusher	破碎機
	35	cutting die, blanking die	沖裁或下料模
D	36	D.I. rinse	純水沖洗
	37	degate	去澆口
	38	degrease	脫脂
	39	dejecting	頂固模
	40	delamination	起鱗
	41	Demagnetization	去磁;消磁
	42	derusting machine	除鏽機

	43	desmut	去黑膜
	44	die block	模塊
	45	die plate, front board	模板
	46	die(mould)	模具(成形模具)
	47	dismantle the die	拆模
	48	drag form	刮板
	49	drill	鑽頭
	50	dryer	烘乾機
E	51	edge finder	巡邊器
	52	EDM	放電加工
	53	EISA, Extended Industry Standard Architecture	擴充的工業標準結構
	54	engraving, to engrave	刻印；雕刻
	55	Equipment	設備
	56	expansion drawing	展開圖
F	57	factor	係數
	58	figure file, chart file	圖檔
	59	fillet	內圓角
	60	folded block	折彎塊
	61	form block	折刀
G	62	gas mark	焦氣痕
	63	gouge	溝槽；鑿槽
	64	granule=pellet=grain	細粒
	65	grind	磨
	66	grit	砂礫
	67	grit maker	抽粒機
	68	groove punch	壓筋沖子
H	69	heat dissipation	熱傳
	70	heater band	加熱環
	71	high-speed transmission	高速傳送
I	72	incoming material to be inspected	進貨待驗
	73	induction	感應
	74	induction light	感光
	75	ion	離子
	76	ISA, Industry Standard Architecture	工業標準結構
L	77	Line streching, line pulling	線拉伸
	78	location pin	定位銷
	79	lower die base	下模座

M	80	magnalium	鎂鋁合金
	81	magnesium	鎂
	82	main manifold	主分歧管
	83	material for engineering mold testing	工程試模材料
	84	material statistics sheet	物料統計明細表
	85	metal plate	鈑金
	86	mill	軋
	87	Molding	成形
	88	molding/injection	成形射出
	89	moly high speed steel	鉬基高速鋼
O	90	organic solvent	有機溶劑
P	91	padding block	墊塊
	92	panel board	嵌塊
	93	phosphates	膦酸酯
	94	pilot	導件
	95	plane	平面
	96	plate	板料
	97	pocket for the punch head	導管
	98	poly-line	聚合線
	99	punched hole	沖孔
Q	100	quenching	淬火
R	101	ram	滑塊
	102	raw materials	原料
	103	resistance	電阻
	104	response=reaction=interaction	感應
	105	rinse	水洗
	106	round pierce punch=die button	圓沖子；下模扣
S	107	sand blasting	噴沙
	108	satin texture	布紋
	109	score=groove	劃線
	110	scraped products	報廢品
	111	seal	封孔
	112	shape punch=die insert	異形衝子
	113	sheet stock	片料
	114	shim(wedge)	楔子
	115	shine	亮班
	116	skid/pallet	托板

	117	sliding block	滑塊
	118	spare dies	備用模具
	119	spare molds location	備用模具庫
	120	spare tools location	備用手工具庫
	121	speck	瑕疵
	122	silve streak	銀紋
	123	spline=the multiple keys	栓鍵
	124	spring	彈簧
	125	spring-box eject-plate	彈簧箱式頂板
	126	steel/rolled steel	軋製鋼
	127	stepping bar	墊條
	128	stock locator block	定位塊
T	129	through-hole form	通孔形式
	130	titrator	滴定儀
	131	to be inspected or reworked	待驗或重做
	132	to bending	折彎
	133	to cutedges=side cut=side scrap	切邊
	134	tolerance	公差
	135	torch-flame cut	火焰切割
	136	torque	扭矩
	137	tow machine	自鉚機
	138	trim	修邊
	139	tungsten high speed steel	鎢基高速鋼
	140	type	形態
U	141	under cut=scrap chopper	清角，死角
	142	upper die base	上模座
	143	upper padding plate	上墊板
	144	upper supporting plate	上承板
	145	upsiding down edges	翻邊
V	146	velocity	速度
	147	viscosity	塗料粘度
	148	volatile	揮發性的
	149	roller pin formality	滾針形式
W	150	wire EDM	線切割放電

7. 模具常用之工作機

	No.		
	1	3D coordinate measurement	三次元量床，座標量床
B	2	boring machine	搪孔機
C	3	CNC milling machine	CNC 銑床
	4	contouring machine	輪廓鋸床
	5	copy grinding machine	靠模磨床
	6	copy lathe	靠模車床
	7	copy milling machine	靠模銑床
	8	copy shaping machine	靠模鉋床
	9	cylindrical grinding machine	外圓磨床
D	10	die spotting machine	合模機
	11	drilling machine	鑽床
E	12	engraving E.D.M.	雕模放電加工機
	13	engraving machine	雕刻機
F	14	form grinding machine	成形磨床
G	15	graphite machine	石墨加工機
H	16	horizontal boring machine	臥式搪
	17	horizontal machine center	臥式加工中心
I	18	internal cylindrical machine	內圓磨床
J	19	jig boring machine	治具搪孔機
	20	jig grinding machine	治具磨床
L	21	lap machine	拉磨機
M	22	machine center, MC	加工中心
	23	multi model miller	靠磨銑床
N	24	NC drilling machine	NC 鑽床
	25	NC grinding machine	NC 磨床
	26	NC lathe	NC 車床
	27	NC programming system	NC 程式製作系統
P	28	planer	龍門鉋床
	29	profile grinding machine	輪廓磨床
	30	projection grinder	投影磨床
R	31	radial drilling machine	旋臂鑽床
S	32	shaper	牛頭鉋床
	33	surface grinder	平面磨床
T	34	try machine	試模機

	No.		
	35	turret lathe	轉塔車床
U	36	universal tool grinding machine	萬能工具磨床
V	37	vertical machine center	立式加工中心
W	38	wire E.D.M.	線切割放電加工機

8. 模具表面處理關連用語

	No.		
A	1	age hardening	時效硬化
	2	ageing	時效
	3	air hardening	空冷淬火
	4	air patenting	空冷韌化
	5	annealing	退火
	6	anode effect	陽極效應
	7	anodizing	陽極處理
	8	atomloy treatment	超硬滲透處理
	9	austempering	沃斯回火
	10	austenite	沃斯田鐵
B	11	bainite	變韌鐵
	12	banded structure	帶狀組織
	13	barrel plating	滾鍍
	14	barrel tumbling	滾筒打磨
	15	blackening	染黑
	16	blue shortness	青脆性
	17	bonderizing	磷酸鹽處理
	18	box annealing	箱式退火
	19	box carburizing	箱式滲碳
	20	bright electroplating	輝面電鍍
	21	bright heat treatment	光輝熱處理
	22	bypass heat treatment	麻田散鐵冷作
C	23	carbide	碳化物
	24	carburized case depth	浸碳層厚度
	25	carburizing	滲碳
	26	cementite	雪明碳鐵
	27	chemical plating	化學電鍍
	28	chemical vapor deposition	化學蒸鍍
	29	coarsening	粗化

	30	coating	塗層；披覆
	31	cold shortness	冷脆性
	32	cementite	碳化鐵
	33	controlled atmosphere	控制氣氛
	34	corner effect	銳角效應
	35	creeping discharge	潛流放電
D	36	decarburization	脫碳
	37	decarburizing	脫碳
	38	depth of hardening	硬化深度
	39	diffusion	擴散
	40	diffusion annealing	擴散退火
E	41	electrolytic hardening	電解淬火
	42	etching	蝕刻
F	43	first stage annealing	第一段退火
	44	flame hardening	火焰硬化
	45	flame treatment	火焰處理
	46	full annealing	完全退火
G	47	gaseous cyaniding	氣體氰化法
	48	globular cementite	球狀雪明碳化鐵
	49	grain size	晶粒度
	50	granolite treatment	磷酸溶液處理
	51	graphitizing	石墨化
H	52	hardenability	硬化能
	53	hardenability curve	硬化能曲線
	54	hardening	硬化
	55	heat treatment	熱處理
	56	hot bath quenching	熱浴淬火
	57	hot dipping	熱浸鍍
I	58	induction hardening	感應硬化
	59	ion carbonitriding	離子滲碳氮化
	60	ion carburizing	離子滲碳處理
	61	ion plating	離子電鍍
	62	isothermal annealing	等溫退火
L	63	liquid honing	噴液搪磨
	64	low temperature annealing	低溫退火
M	65	malleablizing	可鍛化
	66	martempering	麻回火

	67	martensite	馬田散鐵
	68	metallikon	金屬噴敷
	69	metallizing	金屬噴敷
N	70	nitriding	氮化
	71	nitrocarburizing	滲碳
	72	normalizing	正常化
O	73	oil quenching	油淬
	74	overageing	過時效
	75	overheating	過熱
P	76	pearlite	波來鐵
	77	phosphating	磷酸鹽處理
	78	physical vapor deposition	物理蒸鍍
	79	plasma nitriding	電漿氮化
	80	pre-annealing	預退火
	81	precipitation	析出
	82	precipitation hardening	析出硬化
	83	press quenching	模壓淬火
	84	process annealing	製程退火
Q	85	quench ageing	淬火時效
	86	quench hardening	淬火；急冷硬化
	87	quenching crack	淬裂
	88	quenching distortion	淬火變形
	89	quenching stress	淬火應力
R	90	reconditioning	修整
	91	recrystallization	再結晶
	92	red shortness	紅熱脆性
	93	residual stress	殘留應力
	94	retained austenite	殘留沃斯田鐵
	95	rust prevention	防銹
S	96	salt bath quenching	鹽浴淬火
	97	sand blast	噴砂
	98	seasoning	風乾；季化
	99	second stage annealing	第二段退火
	100	secular distortion	長期變形
	101	segregation	偏析
	102	selective hardening	局部淬火
	103	shot blast	珠擊

104 shot peening ………… 珠擊法
105 single stage nitriding ………… 單段氮化滲氮
106 sintering ………… 燒結
107 soaking ………… 燜
108 softening ………… 軟化
109 solution treatment ………… 溶解處理
110 spheroidizing ………… 球化處理
111 stabilizing treatment ………… 安定化處理
112 straightening annealing ………… 矯直退火
113 strain ageing ………… 應變時效
114 stress relieving annealing ………… 應力消除退火
115 subzero treatment ………… 深冷處理
116 supercooling ………… 過冷
117 surface hardening ………… 表面硬化
T 118 temper brittleness ………… 回火脆性
119 temper colour ………… 回火顏色
120 tempering ………… 回火
121 tempering crack ………… 回火破裂
122 texture ………… 織構
123 thermal refining ………… 晶粒細化
124 treatment ………… 熱機械處理
125 time quenching ………… 分段淬火
126 transformation ………… 變態
127 tufftride process ………… 軟氮化處理
U 128 under annealing ………… 低溫退火
V 129 vacuum carbonitriding ………… 真空滲碳氮化
130 vacuum carburizing ………… 真空滲碳
131 vacuum hardening ………… 真空硬化
132 vacuum heat treatment ………… 真空熱處理
133 vacuum nitriding ………… 真空氮化
W 134 water quenching ………… 水淬
135 wetout ………… 潤溼

9. 模具加工方法

	No.		
B	1	barrel	滾磨
	2	broaching	拉削
C	3	centering	定中心
	4	cutting	切削
	5	Cylindrical lathe cutting	外圓車削
E	6	electric discharge machining	放電加工
	7	electrolytic grinding	電解研磨
F	8	facing	平面切削
H	9	hand finishing	手工修潤
	10	hemming	捲邊
	11	hobbing	滾齒
J	12	joggling	搖動
L	13	lapping	拉磨
	14	laser beam machining	雷射加工
	16	lathe cutting	車削
P	15	planning	鉋削
	17	polishing	拋光
R	18	rough machining	粗加工
	19	rounding	外圓角加工
S	20	sawing	鋸削
	21	scaling	去鱗皮
	22	shaping	成形；鉋削
	23	skiving	削薄
	24	slotting	插削
T	25	taper turning	推拔車削
	26	thread cutting	車牙
U	27	ultrasonic machining	超音波加工
	28	up cut milling	逆銑；上銑

10. 模具鋼材

	No.		
A	1	alloy tool steel	合金工具鋼
	2	aluminium alloy	鋁合金

B 3 bearing alloy …… 軸承合金
4 blister steel …… 泡面鋼
5 bonderized steel sheet …… 磷酸鹽防銹鋼板
C 6 carbon tool steel …… 碳工具鋼
7 clad sheet …… 包層板
8 clod work die steel …… 冷作模鋼
E 9 emery …… 鋼砂
F 10 ferrostatic pressure …… 鐵水靜壓力
11 forging die steel …… 鍛模鋼
G 12 galvanized steel sheet …… 鍍鋅鐵板
H 13 hard alloy steel …… 硬質合金鋼
14 high speed tool steel …… 高速工具鋼
15 hot work die steel …… 熱作模鋼
L 16 low alloy tool steel …… 特殊工具鋼
17 low manganese casting steel …… 低錳鑄鋼
M 18 maraging steel …… 麻時效鋼
19 matrix alloy …… 基地合金
20 meehanite cast iron …… 米漢納鑄鐵
21 meehanite metal …… 米漢納鑄鐵
22 merchant iron …… 熟鐵
23 molybdenum high speed steel …… 鉬系高速鋼
24 molybdenum steel …… 鉬鋼
N 25 nickel chromium steel …… 鎳鉻鋼
P 26 prehardened steel …… 預硬鋼
S 27 silicon steel sheet …… 矽鋼板
28 stainless steel …… 不銹鋼
T 29 tin plated steel sheet …… 鍍錫鐵板
30 tough pitch copper …… 精銅
31 troostite …… 吐粒散鐵
32 tungsten steel …… 鎢鋼
V 33 vinyl tapped steel sheet …… 乙烯覆面鋼板

11. 模具廠常用之標準零配件

No.

A 1 air vent valve …… 通氣閥
2 anchor pin …… 錨銷

	3	angular pin	角銷；斜梢
B	4	baffle	調節阻板
	5	baffle plate	折流檔板
	6	ball button	球塞套
	7	ball plunger	定位球塞
	8	ball slider	球塞滑塊
	9	binder plate	壓料板
	10	blank holder	壓料板
	11	blanking die	下料模
	12	bolster	模座
	13	bottom board	底板
	14	bracket	托架
	15	bumper block	緩衝塊
	16	buster	堵口
C	17	casting ladle	澆桶(斗)
	18	casting lug	鑄耳
	19	cavity retainer plate	模穴嵌板
	20	center pin	中心銷
	21	clamping block	鎖塊
	22	coil spring	螺旋彈簧
	23	cold punched nut	冷沖螺母
	24	cooling spiral	冷卻螺旋栓
	25	core pin	心形銷
	26	cotter	開口銷
	27	cross	十字接頭
	28	cushion pin	緩衝銷
D	29	die bed	模座
	30	die body	鑄模座
	31	die bush	合模襯套
	32	die button	下模扣
	33	die clamper	夾模器
	34	die fastener	模具固定用零件
	35	die lip	模唇
	36	direct gate	直接澆口
	37	dog chuck	雞心夾頭
	38	dowel	定位銷
	39	dowel hole	定位孔

	40	dowel pin	定位銷
	41	dozzle	輔助澆口
	42	draft	脫模斜度
	43	draw bead	張力調整桿
	44	drive bearing	傳動軸承
E	45	ejection pad	頂出墊
	46	ejector	脫模器
	47	ejector guide pin	頂出導銷
	48	ejector leader busher	頂出銷襯套
	49	ejector pad	頂出墊
	50	ejector pin	頂出銷
	51	ejector plate	頂出板
	52	ejector rod	頂出桿
	53	ejector sleeve	頂出襯套
	54	ejector valve	頂出閥
	55	eye bolt	環首螺栓
F	56	finger pin	指形銷
	57	finish machined plate	角形模板
	58	finish machined round plate	圓形模板
	59	fixed bolster plate	固定模板
	60	flanged pin	凸緣銷
	61	flask	砂箱
	62	floating punch	浮動沖頭
G	63	gate	澆口
	64	gate land	澆口頸
	65	goose neck	鵝頸管
	66	guide bushing	導套
	67	guide pin	導銷
	68	guide plate	導板
	69	guide post	導柱
	70	guide rail	導軌
H	71	head punch	頂沖頭
	72	headless punch	直柄沖頭
	73	heavily tapered solid	推拔塊
	74	hose nippler	軟管接頭
I	75	impact damper	緩衝器
	76	inlay busher	嵌入襯套

	77	inner plunger	內柱塞
	78	inner punch	內沖頭
	79	insert	嵌件
	80	insert pin	嵌配銷
K	81	king pin	轉向銷
	82	king pin bush	主銷襯套
	83	knockout bar	脫模桿
L	84	land area	合模面
	85	leader busher	導套
	86	lifting pin	頂升銷
	87	lining	內襯
	88	locating center punch	定位中心沖頭
	89	locating pilot pin	定位導銷
	90	locating ring	定位環
	91	lock block	止動塊
	92	locking block	止動塊
	93	locking plate	止動板
	94	loose bush	活動襯套
M	95	making die	列印沖子
	96	manifold block	歧管擋塊
	97	master plate	靠模樣板
	98	match plate	模型板
	99	mold base	模座
	100	mold clamp	鎖模
	101	mold platen	模用板
	102	moving bolster	換模鎖定裝置
	103	moving bolster plate	可動側鎖模座板
O	104	one piece casting	整體鑄造
P	105	parallel block	平行規
	106	paring line	分模線
	107	parting lock set	合模定位器
	108	pass guide	穴形導板
	109	peened head punch	皿形沖頭
	110	pilot pin	導銷
	111	plate	襯板
	112	pre-extrusion punch	預擠沖頭
	113	Punch	沖頭

114 puncher ······ 推桿
115 pusher pin ······ 推銷
R 116 rapping rod ······ 起模桿
117 retainer pin ······ 扣銷
118 retainer plate ······ 扣板
119 riding stripper ······ 浮動脫模器
120 ring gate ······ 環形澆口
121 runner ······ 流道；澆道
122 runner ejector set ······ 流道頂出器
123 runner lock pin ······ 流道鎖銷
S 124 screw plug ······ 螺旋塞
125 set screw ······ 固定螺釘
126 shedder ······ 脫模裝置
127 shim ······ 填隙片
128 shoe ······ 模座
129 shoot ······ 澆道
130 shoulder bolt ······ 有肩螺栓
131 skeleton ······ 骨架
132 slag riser ······ 冒渣口
133 slide(slide core) ······ 滑塊
134 slip joint ······ 滑配接頭
135 spacer block ······ 間隔塊
136 spacer ring ······ 間隔環
137 spider ······ 模蕊支架
138 sprue bushing ······ 錐道襯套
139 sprue bushing guide ······ 錐道導套
140 sprue lock bushing ······ 錐道鎖套
141 sprue puller ······ 錐道拉銷
142 sprue line ······ 錐道流線
143 square key ······ 方鍵
144 square nut ······ 方螺帽
145 square thread ······ 方螺紋
146 stop collar ······ 限位套
147 stop pin ······ 止動銷
148 stop ring ······ 止動環
149 stopper ······ 定位銷
150 straight pin ······ 直銷

	151	stripper bolt	脫料螺栓
	152	stripper bushing	脫模襯套
	153	stroke end block	行程止塊
	154	support pillar	支柱
	153	stroke end block	行程止塊
	154	support pillar	支柱
	155	support pin	支撐銷
	156	supporting plate	托板
	157	sweep templet	刮板
T	158	taper key	錐形鍵
	159	taper pin	推拔銷
	160	teeming	澆注
	161	three start screw	三條螺紋
	162	thrust pin	推力銷
V	163	vent	通氣孔
W	164	wortle plate	拉絲模板

12. 刀具與工作法用語

	No.		
A	1	adjustable spanner	活動扳手
	2	angle cutter	角銑刀
	3	anvil	鐵鑽
	4	arbour	心軸
B	5	backing	背墊
	6	belt sander	帶式打磨機
	7	buffing	拋光
C	8	chamfering machine	倒角機
	9	chamfering tool	去角刀具
	10	chisel	鑿子
	11	chuck	夾頭
	12	Compasses	圓規
	13	concave cutter	凹面銑刀
	14	convex cutter	凸形銑刀
	15	cross joint	十字接頭
	16	cutting edge clearance	刃口餘隙角
D	17	drill stand	鑽臺

E	18	edge file	刃用銼刀
F	19	File	銼刀
	20	flange joint	凸緣接頭
G	21	grinder	磨床
H	22	hammer	鐵錘
	23	hand brace	曲柄鑽
	24	hexagon headed bolt	六角頭螺栓
	25	hexagon nut	六角螺帽
I	26	index head	分度頭
J	27	jack	千斤頂
	28	jig	治具
K	29	kit	工具箱
M	30	metal saw	金屬用鋸
N	31	nose angle	刀尖角
P	32	pinchers	鉗子
	33	pliers	剪鉗
	34	plug	柱塞
	35	polisher	磨光器
	36	protable driller	手提鑽孔機
S	37	sand paper	砂紙
	38	scraper	刮刀
	39	screw driver	螺絲起子
	40	scribing	劃線
	41	second out file	中銼刀
	42	spanner	扳手
	43	spline broach	栓槽拉刀
	44	square	角尺
	45	square sleeker	方形鏝刀
	46	square trowel	方形鏝刀
	47	stripping	脫模，脫料
T	48	tool for lathe	車刀
	49	tool point angle	刀刃角
	50	tool post	刀架
	51	tosecan	劃線盤
	52	T-slot	T 形槽
W	53	waffle die flattening	壓紋矯平
	54	wiper	脫模鉗

55 wrench ………… 扳手

13. 焊接用語

No.

A 1 acetylene ………… 乙炔
2 ampere ………… 安培電流
3 angle welding ………… 角焊
4 arc ………… 電弧
5 argon arc welding ………… 氬焊
B 6 bare electrode ………… 裸焊條
7 butt welding ………… 對頭式焊接
C 8 cascade ………… 階疊焊接
9 clad weld ………… 覆面焊接
10 crater ………… 焊疤
E 11 excess metal ………… 多餘金屬
F 12 filler rod ………… 焊條
13 fillet weld ………… 塡角焊接
G 14 gas shield ………… 鈍氣遮蔽
15 groove welding ………… 起槽焊接
H 16 hand face shield ………… 手持面罩
17 hard facing ………… 硬面堆焊
J 18 jig welding ………… 工模焊接
L 19 laser beam welding ………… 雷射焊接
M 20 metal insert gas arcwelding, MIG ………… 金屬鈍氣電弧焊接(MIG)
N 21 nugget ………… 點焊熔核
O 22 overlaying ………… 堆焊
P 23 peening of welding ………… 敲渣
24 plug welding ………… 塞孔焊接
25 positioned welding ………… 正向熔接；易焊位置焊接
26 pressure welding ………… 壓焊
27 propane gas cutting ………… 丙烷氣切割
28 pure nickel electrode ………… 純鎳焊條
R 29 reinforcement of weld ………… 加強焊接
30 resist ………… 抗蝕護膜
31 root running ………… 背面焊接
S 32 seam ………… 焊縫

33 seam welding …… 縫焊
34 seaming …… 縫合
35 series seam welding …… 串聯縫焊
36 skip welding process …… 跳焊法
37 spark …… 火花
38 spot welding …… 點焊
39 stitch welding …… 綴縫焊接
40 stud arc welding …… 嵌柱焊接
U 41 under laying …… 打底焊層
V 42 void …… 空隙
W 43 weld flow mark …… 焊接流痕
44 weld flush …… 焊道磨平
45 weld line …… 熔接線
46 weld penetration …… 熔接透入
47 weld zone …… 焊接區
48 welding …… 焊接
49 welding bead …… 焊珠
50 welding direction …… 焊接方向
51 welding distortion …… 焊接變形
52 welding flux …… 焊劑
53 welding ground …… 電焊接地
54 welding interval …… 焊接間隔
55 welding stress …… 熔接應力
56 welding torch …… 熔接氣炬

14. 鍛鑄造關連用語

No.

A 1 accretion …… 爐瘤
2 acid converter …… 酸性轉爐
3 acid lining cupola …… 酸性熔鐵爐
4 acid open-hearth furnace …… 酸性平爐
5 aerator …… 鬆砂機
6 air set mold …… 常溫自硬鑄模
7 airless blasting cleaning …… 離心噴光
8 all core molding …… 集合式鑄模
9 all round die holder …… 通用模座

	10	assembly mark	鑄造合模記號
B	11	back pouring	補澆
	12	backing sand	背砂
	13	base bullion	含銀粗鉛
	14	base permeability	原砂透氣性
	16	billet	小胚
	15	bleed	鑄漏
	17	blocker	成坯型
	18	blocking	鍛胚
	19	blow hole	氣孔
	20	bottom pour mold	底澆鑄模
	21	bottom pouring	底澆
	22	boxless mold	脫箱砂模
	23	break-off core	縮頸砂心
	24	brick molding	砌磚造模法
	25	buckle	帶扣
C	26	camlachie cramp	鑄包
	27	cast blade	鑄製葉片
	28	casting flange	鑄製凸緣
	29	casting on flat	水平鑄造
	30	chamotte sand	燒粉砂
	31	charging hopper	加料斗
	32	cleaning of casting	鑄件清理
	33	closed-die forging	閉模鍛造
	34	core compound	砂心黏結劑
	35	core templet	砂心模板
	36	core vent	砂心排氣孔
	37	corner gate	壓邊澆口
	38	counter blow hammers	對擊鍛錘
	39	counter lock	對鎖
D	40	depression	減壓
	41	die approach	模口角度
	42	draw out	鍛造拔長
	43	draw plate	起模板
	44	draw spike	起模長針
	45	dummying	預鍛
E	46	embedded core	加裝砂心

	47	erosion	沖蝕
F	48	fettling	鑄件清理
	50	filling core	埋入砂心
	51	filling in	填砂
	52	film play	液面層
	53	finishing slag	煉後熔渣
	49	flash gutter	鍛模飛邊槽
	54	flask molding	有箱造模
	55	forging roll	鍛輥
	56	formboard	模板
G	57	gutter	鍛模飛邊槽
H	58	hammer man	鍛工
	59	heading machine	鍛頭機
I	60	impacter	臥式鍛造機
	61	inblock cast	整體鑄造
	62	ingot	鑄錠
	63	ingot blank	鑄坯
	64	inlay casting	鑲鑄法
	65	investment casting	包模鑄造
	66	isothermal forging	等溫鍛造
L	67	loose piece	木模活塊
M	68	molding pit	地坑造模
P	69	pouring process	澆注法
R	70	recasting	重鑄
	71	roll forging	軋鍛
	72	rolled surface	軋製表面
	73	rough sand	粗砂
	74	roughing forge	粗鍛
S	75	sand crushing	塌砂
	76	seamless forging	無縫鍛造
	77	shave	崩砂
	79	shrinkage fit	收縮配合
	80	sieve mesh	篩目
	81	sintering of sand	鑄砂燒貼
	82	slag	熔渣
	83	slag inclusion	夾渣
	84	stickness	黏模性

	85	strip layout	胚料布置
T	86	top casting	頂澆
	87	top gate	頂澆口
U	88	unworked casting	不加工鑄件
	89	upender	翻轉裝置
	90	upending	頂鍛
	91	Uphill casting	底鑄
W	92	white cast iron	白口鑄鐵

15. 塑膠原料

	No.		
A	1	acrylic	壓克力
C	2	cellulose acetate butyrate	醋酸丁酸纖維素(CAB)
	3	casein	酪素
	4	cellulose acetate	醋酸纖維素
	5	composite material	複合材料
	6	cresol resin	甲酚樹脂(CF)
D	7	dially phthalate	苯二甲酸二烯丙酯(DAP)
	8	disperse reinforcement	分散性強化複合材料
E	9	engineering plastics	工程塑膠
	10	epoxy resin	環氧樹脂(EP)
	11	ethyl cellulose	乙基纖維素
	12	ethylene vinylacetate copolymer	乙烯－醋酸乙烯共聚物(EVA)
	13	expanded polystyrene	發泡聚苯乙烯(EPS)
F	14	fiber reinforcement	纖維強化
H	15	high density polyethylene	高密度聚乙烯(HDPE)
	16	high impact polystyrene	高衝擊性聚苯乙烯(HIPS)
	17	high impact polystyrene rigidity	高衝擊性聚苯乙烯
M	18	melamine resin	三聚氰胺樹脂(MF)
L	19	low density polyethylene	低密度聚乙烯(LDPE)
N	20	nitrocellulose	硝酸纖維素
P	21	phenolic resin	酚醛樹脂
	22	plastic	塑膠
	23	polyacrylic acid	聚丙烯酸(PAP)
	24	polyamide	聚醯胺(PA)

	No.	English	中文
	25	polybutyleneterephthalate	聚對苯二甲酸丁酯(PBT)
	26	polycarbonate	聚碳酸酯(PC)
	27	polyethyleneglycol	聚乙二醇(PEG)
	28	polyethyleneoxide	聚氧化乙烯(PEO)
	29	polyethyleneterephthalate	聚乙醇對苯(PETP)
	30	polymetylmethacrylate	聚甲基丙烯酸甲酯(PMMA)
	31	polyoxymethylene	聚縮醛(POM)
	32	polyphenyleneoxide	聚苯醚(PPO)
	33	polypropylene	聚丙烯(PP)
	34	Polytetrafluoroethylene	聚四氟乙烯(PTFE)
	35	Polythene	聚乙烯(PE)
	36	polyurethane	聚氨基甲酸酯(PU)
	37	polyvinylacetate	聚醋酸乙烯(PVAc)
	38	polyvinylalcohol	聚乙烯醇(PVA)
	39	polyvinylbutyral	聚乙烯醇縮丁醛(PVB)
	40	polyvinylchloride	聚氯乙烯(PVC)
	41	polyvinylfuoride	聚氟乙烯(PVF)
	42	polyvinylidenechloride	聚偏二氯乙烯(PVdC)
	43	polystyrene	聚苯乙烯(PS)
	44	prepolymer	預聚物
S	45	silicone resin	矽氧樹脂，矽氧膠(SI)
T	46	thermoplastic	熱塑性
	47	thermosetting	熱固性
	48	thermosetting plastic	熱固性塑膠
U	49	unsaturated polyester	不飽和聚酯樹脂

16. 射出成形關聯用語

	No.	English	中文
A	1	activator	活化劑
B	2	bag moulding	氣胎施壓成形
	3	bonding strength	黏結強度
	4	breathing	排氣
C	5	caulking compound	塡隙料
	6	cell	氣孔
	7	color masterbatch	色母料

	8	color matching	調色/對色
	9	colorant	著色劑
	10	compound	混合料
	11	copolymer	共聚物
	12	cryptometer	不透明度儀
	13	cull	殘渣
	14	cure	固化
D	15	daylight	射出機最大行程
	16	dry cycle time	空循環時間
	17	ductility	延性
E	18	elastomer	彈性體
	19	extruded bead sealing	擠製粒塗層法
F	20	filler	充填劑
	21	film blowing	薄膜吹製
	22	floating platen	浮動模板
	23	foaming agent	發泡劑
G	24	gunk	熔膠
H	25	hot mark	熱斑
	26	hot stamping	燙印
I	27	injection nozzle	射出噴嘴
	28	injection plunger	射出柱塞
	29	injection ram	射出沖柱
	30	isomer	同分異構物
K	31	kneader	混煉機
L	32	leveling agent	勻染劑
	33	lubricant	潤滑劑
M	34	matched die method	配模成形法
	35	mould clamping force	鎖模力
	36	mould release agent	脫模劑
N	37	nozzle	噴嘴
O	38	oriented film	定向薄膜
P	39	parison	型坯
	40	pellet	膠粒
	41	plasticizer	可塑劑
	42	plunger	柱塞
	43	porosity	孔隙率
	44	post cure	後固化

	45	premix	預混合
	46	purging	清理
R	47	reciprocating screw	往復式螺桿
	48	resilience	彈性能
	49	resin injection	樹脂射出
	50	rheology	流變學
S	51	sheet	片
	52	shot	射出
	53	shot cycle	射出時間
	54	slip agent	光滑劑
T	55	take out device	取料裝置
	56	tie bar	拉桿
	57	toggle type mould clamping system	肘節式鎖模裝置
	58	torpedo spreader	魚雷形分流板
	59	transparency	透明性
V	60	void content	空洞率

17. 成形不良用語

	No.		
A	1	aberration	色差
	2	atomization	霧化
B	3	bank mark	滯料紋
	4	bite	咬入
	5	blacking hole	塗料孔
	6	blacking scab	塗料疤
	7	blister	氣泡
	8	blooming	起霜
	9	blushing	白化
	10	body wrinkle	皺紋
	11	breaking-in	敲陷
	12	bubble	氣泡
	13	burn mark	燒焦
	14	burr	毛邊
	15	burr(金屬)，flash(塑件)	毛邊
C	16	camber	翹曲
	17	center buckle	表面中部波皺

	18	check	龜裂
	19	checking	龜裂
	20	chipping	修整表面缺陷
	21	clamp-off	凹痕
	22	collapse	塌陷
	23	color mottle	色斑
	24	corrosion	腐蝕
	25	crack	裂痕
	26	crazing	裂開
D	27	deformation	變形
E	28	edge	切邊碎片
	29	edge crack	邊裂
F	30	fading	退色
	31	filler speck	填料斑
	32	Fissure	裂紋
	33	flange wrinkle	凸緣起皺
	34	Flaw	刮傷
	35	flow mark	流痕
G	36	Galling	毛邊
	37	Glazing	光滑
	38	Gloss	光澤
	39	grease pits	脂痘
	40	grinding defect	磨痕
H	41	haircrack	髮裂
	42	haze	霧度
I	43	incrustation	水銹
	44	indentation	壓痕
	45	internal porosity	內部氣孔
M	46	mismatch	偏模/不吻合
	47	mottle	斑點
N	48	necking	縮頸
	49	nick	刻痕
O	50	orange peel	橘皮狀痕
	51	overflow	溢流
P	52	peeling	剝離
	53	pit	坑
	54	pitting corrosion	點狀腐蝕

	No.		
	55	plate mark	模板印痕
	56	pock	痲點
	57	pock mark	痘斑
R	58	resin streak	樹脂流紋
	59	resin wear	樹脂脫落
	60	riding	凹陷
S	61	sagging	鬆垂
	62	saponification	皀化
	63	scar	疤痕
	64	scrap	廢料
	65	scrap jam	廢料阻塞
	66	scratch	刮傷/劃痕
	67	scuffing	托痕
	68	seam	裂痕
	69	shock line	模口擠痕
	70	short shot	充塡不足
	71	shrinkage pool	凹孔
	72	sink mark	凹痕
	73	skin inclusion	表皮摺疊
	74	straightening	矯直
	75	streak	條痕
	76	surface check	表面裂痕
	77	surface roughening	表面粗化
	78	surging	波動
	79	sweat out	冒汗
T	80	torsion	扭曲
W	81	warpage	翹曲
	82	waviness	波痕
	83	webbing	熔塌
	84	weld mark	熔合線痕
	85	whitening	白化
	86	wrinkle	皺紋

18. 機械設計及周邊其他用語

	No.		
A	1	assembly drawing	裝配圖

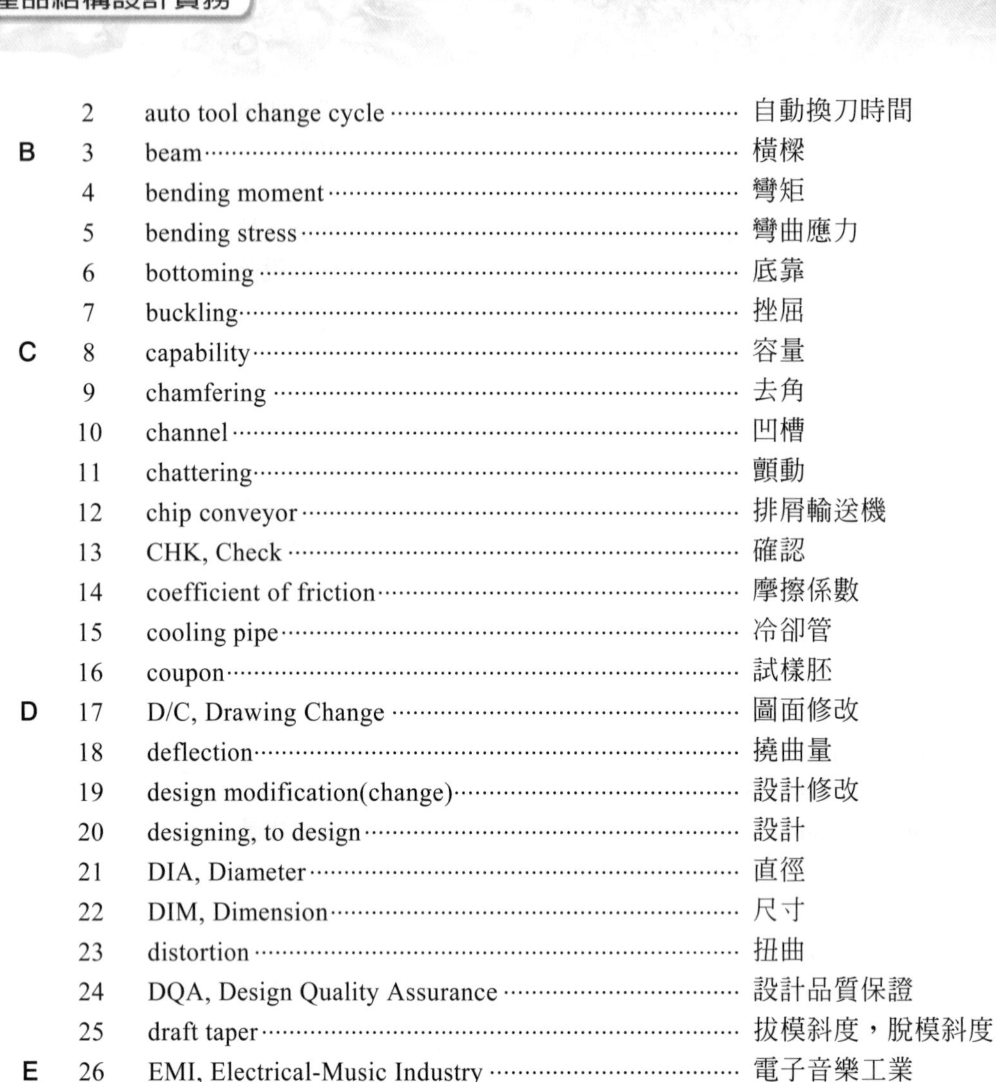

	2	auto tool change cycle	自動換刀時間
B	3	beam	橫樑
	4	bending moment	彎矩
	5	bending stress	彎曲應力
	6	bottoming	底靠
	7	buckling	挫屈
C	8	capability	容量
	9	chamfering	去角
	10	channel	凹槽
	11	chattering	顫動
	12	chip conveyor	排屑輸送機
	13	CHK, Check	確認
	14	coefficient of friction	摩擦係數
	15	cooling pipe	冷卻管
	16	coupon	試樣胚
D	17	D/C, Drawing Change	圖面修改
	18	deflection	撓曲量
	19	design modification(change)	設計修改
	20	designing, to design	設計
	21	DIA, Diameter	直徑
	22	DIM, Dimension	尺寸
	23	distortion	扭曲
	24	DQA, Design Quality Assurance	設計品質保證
	25	draft taper	拔模斜度，脫模斜度
E	26	EMI, Electrical-Music Industry	電子音樂工業
	27	EMI, Electronic Magnetron Inspect	電磁波測試
F	28	first check	初審
	29	fit tolerance	配合公差
	30	flexible rigidity	撓性剛性
	31	flow chart	流程表
	32	FMI, Frequency Modula Tim Inspect	高頻測試
G	33	gas vent	氣孔
H	34	hatching	剖面線
	35	heater cooler	熱管
	36	hook cavity	鉤穴
L	37	lug	凸緣
M	38	maintenance	維修

	39	metallurgy	冶金學
N	40	notch effect	切口效應
P	41	plane strain	平面應變
	42	plug mill	心棒軋管機
R	43	repeated load	重覆負載
	44	revision	修正
	45	riveted joint	鉚合
S	46	shift	偏移
	47	shrink fit	熱配
	48	shrinkage hole	縮孔
	49	sinking	凹陷
	50	sketch	草圖
	51	spalling	剝落
	52	straightness	平直度
	53	submarine	潛入式
	54	surface roughness	表面粗度
T	55	tapping	攻螺絲
	56	thermocouple	熱電偶
	57	torsion load	扭轉負載
	58	toughness	韌性
	59	tracing	描圖
	60	**TVR,** tool verification report	模具確認報告
U	61	under cut	清角，死角

19. 沖壓機械及周邊關聯用語

	No.		
B	1	back shaft	支撐軸
	2	blank determination	胚料展開
	3	board drop hammer	板落錘
	4	bottom slide press	下傳動式沖床
	5	brake	煞車
	6	burr	毛邊
C	7	clearance	間隙
	8	clamp	夾緊
	9	clutch	離合器
	10	clutch boss	離合器輪轂

	11	clutch, brake	離合器，制動器
	12	clutch lining	離合器襯片
	13	coil car	捲條升降運輸機
	14	coil cradle	捲條進料裝置
	15	coil reel stand	捲料架
	16	column	圓柱
	17	connection screw	連結用螺絲
	18	cradle	送料架
	19	crank	曲柄軸
	20	crankless	無曲柄式
	21	cross crank	並列式雙曲柄
	22	cushion	緩衝器
D	23	dial feed	分度送料
	24	die assembly	合模
	25	die cushion	模具緩衝墊
	26	die height	最大沖程
	27	die space	最大沖程
	28	die height range	置模高
	29	die height range	置模高
	30	die life	模具壽命
	31	die opening	母模逃讓孔
	32	die spotting press	合模機
	33	die structure dwg	模具結構圖
	34	double crank press	雙曲柄軸沖床
	35	downward	向下
	36	draft angle	逃讓角
E	37	edging	捲邊
	38	extension dwg	展開圖
F	39	feed length	送料長度
	40	feed level	送料高度
	41	fine blanking press	精密下料沖床
	42	fly wheel	飛輪
	43	fly wheel brake	飛輪制動器
	44	foot press	腳踏沖床
	45	frame	床身框架
	46	friction	摩擦
	47	friction brake	摩擦煞車

G	48	gap shear	凹口剪床
	49	gear	齒輪
	50	gib	模座
	51	gripper	夾具
	52	gripper feed	夾持進料
	53	gripper feeder	夾緊傳送裝置
H	54	hand press	手動沖床
	55	hand rack pinion press	手動小齒輪齒條式沖床
	56	hand screw press	手動螺旋式沖床
	57	hopper feed	料斗送料
I	58	idle stage	呆站
	59	inching	寸動
K	60	key clutch	鍵槽離合器
	61	knockout	脫模裝置
	62	knuckle mechanic	轉向機構
L	63	land	刀面部
	64	level	水平
	65	loader	供料器
	66	loop controller	閉路控制器
	67	lower die	下模
M	68	material	材質
	69	material thickness	料片厚度
	70	micro inching device	微調裝置
	71	microinching equipment	微動裝置
	72	motor	馬達
N	73	notching press	沖缺口沖床
O	74	opening	逃讓孔
	75	overload protection device	防超載裝置
P	76	pinch roll	導正滾輪
	77	pinion	小齒輪
	78	pitch	節距
	79	press specification	沖床規格
	80	pressfit	壓配
	81	procedure dwg	工程圖
	82	progressive	連續送料
	83	punch wt.	上(沖)模重量
	84	pusher feed	推桿式送料

	85	pusher feeder	推片裝置
Q	86	quick die change system	快速換模系統
R	87	regrinding	再研磨
	88	releasing	鬆釋動作
	89	reversed blanking	反轉下料
	90	robot	機器人
	91	roll forming machine	輥軋成形
	92	roll release	脫輥
	93	roller feed	輥式送料
	94	roller leveler	輥式矯直機
	95	rotary bender	捲彎成形機
S	96	safety guard	安全保護裝置
	97	scrap cutter	廢料用切刀
	98	scrap press	切廢料沖床
	99	separate	分離
	100	shear angle	剪角
	101	sheet loader	薄板裝料機
	102	shut height	閉合高度
	103	slide balancer	滑動平衡器
	104	slug hole	逃料孔
	105	spin forming machine	旋壓成形機
	106	spotting	合模
	107	stack feeder	堆疊送料機
	108	stickness	黏模性
	109	straight side frame	直邊框架
	110	stretcher leveler	拉伸矯直機
	111	strip feeder	料條送料裝置
	112	stripping pressure	彈出壓力
	113	stroke	沖程
T	114	take out device	取料裝置
	115	toggle press	肘節式壓力機
	116	total wt.	總重量
	117	transfer	傳送
	118	transfer feed	自動送料裝置
	119	turrent punch press	轉塔沖床
	120	two speed clutch	雙速離合器
U	121	uncoiler	捲回廢料機

	122	unloader	取料機
	123	upward	向上
V	124	vibration feeder	振動送料機
W	125	weight, wt.	重量
	126	wiring press	嵌線捲邊機

20. 線切割放電加工關聯用語

	No.		
A	1	abnormal glow	異常輝光放電
	2	arc discharge	電弧放電
B	3	belt	皮帶
C	4	centreless	無心
	5	chrome bronze	鉻銅
	6	clearance angle	後角
	7	corner shear drop	直角壓陷
D	8	discharge energy	放電能量
	9	dressing	修整
	10	dwell	保壓
F	11	flange	凸緣
G	12	gap	間隙
	13	graphite	石墨
	14	graphite contraction allowance	石墨電極縮小裕量
	15	graphite holder	電極夾座
H	16	horn	電極臂
J	17	jump	跳刀
M	18	magnetic base	磁性座
	19	master graphite	標準石墨
P	20	pipe graphite	管狀石墨
	21	pulse	脈衝
R	22	rib working	肋部加工
	23	roller electrode	滾輪式電極
	24	rotary surface	旋轉面
S	25	shank	柄部
	26	sharp edge	銳角
T	27	tough bronze	韌銅
	28	traverse	搖臂

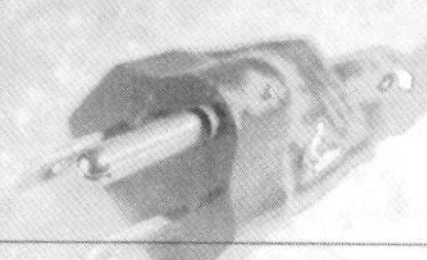

	No.		
	29	tungsten bronze	鎢青銅(銅鎢)
W	30	work	工件
	31	working allowance	加工裕量
	32	working discharge	放電

21. 品質管理

	No.		
	1	(be) qualfied, up to grade	合格
	2	3B	模具正式投產前確認
	3	**5M,** Man/Machine/Material/Method/Measurement	人力/機器/材料/方法/量測
	4	**5S**	整理/整頓/清掃/清潔/教養
	5	**5WIH,** When/Where/Who/What/Why/How to	何時/何地/誰/何事/爲什麼/怎麼做
	6	**7QCTools,** 7 Quality Controls Tools	品管七大手法
	7	8 disciplines	8 項回復內容
A	8	abnormal handling	異常處理
	9	**ACC,** Accept	允收
	10	acceptance = receive	驗收
	11	**ADM,** Absolute Dimension Measurement	全尺寸測量
	12	**AOD,** Accept On Deviation	允許變異之下全納
	13	**AOQ,** Average Output Quality	平均出廠品質
	14	**AOQL,** Average Output Quality Level	平均出廠品質水準
	15	**APP,** Approve	核准,認可,承認
	16	**AQL,** Acceptable Quality Level	允收品質水準
	17	**AR,** Averary Range	全距平均值
B	18	**Bending**	軟體導入
C	19	C=0, Critical=0	極嚴重不允許
	20	**CAR,** Corrective action request	改正行動要求改正報告
	21	**CP,** capability index	製造能力指數
	22	**CPK,** capability index of process	模具製程能力參數
	23	**CR,** Critical	極嚴重的
D	24	defective product/non-good parts	不良品
	25	defective products	不良品
	26	Down Load Box	轉接盒
F	27	**FA,** final audit	最終稽核
	28	**FAA,** first article assurance	首件確認

	29	**FAI**, first article inspection	首件檢查
	30	**FMEA**, failure model effectiveness analysis	失效模式分析
	31	**FPIR**, First Piece Inspection Report	首件檢查報告
	32	**FQC**, final quality control	最終品管
	33	**FREQ**, Frequency	頻率
G	34	good product, accepted goods, accepted parts, good parts	良品
	35	**GRR**, Gauge Reproducibility & Repeatability	量具之再製性及重測性判斷可靠與否
I	36	**IPQC**, in process quality control	製程中品管
	37	**IQC**, incoming quality control	進料品質管制
J	38	Japanese Industrial Standard	日本工業規格(JIS)
L	39	**LCL**, Lower Central Limit	管制下限
	40	**LQL**, Limiting Quality Level	最低品質水準
	41	**LRR**, Lot Reject Rate	批退率
M	42	**MAJ**, Major	主要的
	43	**MAX**, Maximum	最大值
	44	**MIL-STD**, Military-Standard	軍用標準
	45	**MIN**, Minimum	最小值
	46	**MIN**, Minor	輕微的
	47	**MRB**, Material Reject Bill	退貨單
N	48	**NG**, Not Good	不良；不合格
	49	**No.**, Number	數(號)
O	50	**OOBA**, out of box audit	開箱檢查
	51	**OQA**, output quality assurance	出貨品質保證
	52	**OQC**, output quality control	最終出貨品管
P	53	**Packing**	包裝
	54	**PDCA**, Plan/ Do /Check /Action	計畫/執行/檢查/總結
	55	**POC**, passage quality control	段檢人員
	56	**PPM**, Parts Per Million	百萬分之一
Q	57	**Q/R/S**, /Reliability/Service	品質/可靠度/服務
	58	**QA**, quality assurance	品質保證
	59	**QAN**, Quality Ameliorate Notice	品質改善活動
	60	**QC**, Quality Control	品管
	61	**QS**, Quality System	品質系統
	62	**QC**, Section	品管科
	63	**QCC**, Quality Control Circle	品質圈

	64	**QE,** quality engineering	品質工程
	65	**QFD,** quality function deployment	品質機能展開
	66	**QI,** Quality Improvement	品質改善
	67	**QIT,** Quality Improvement Team	品質改善小組
	68	**QP,** Quality Policy	目標方針
	69	**QT,** Quality Target	品質目標
	70	quality	品質
R	71	**R,** Range	全距
	72	**REE,** Reject	拒收
	73	**RMA,** Return Material Audit	退料認可
S	74	**S I-S IV,** Special I-Special IV	特殊抽樣水準等級
	75	**S/S,** Sample size	抽樣檢驗樣本大小
	76	**SPC,** Statistical Process Control	統計製程管制
	77	**SQC,** Statistical Quality Control	統計品質管制
	78	**SSQA,** standardized supplier quality	合格供應商品質評估
T	79	**TQC,** total quality control	全面品質管理
	80	**TQM,** Total Quality Management	全面品質管理
U	81	**UAI,** Use As It	允許變異之下全納
	82	**UCL,** Upper Central Limit	管制上限
Z	83	**ZD,** Zero Defect	零缺點

22. 檢驗量測工具用語

	No.		
A	1	autocollimator	自動視準機
B	2	bench comparator	台式比測儀
	3	block gauge	塊規
	4	Bore check	精密小孔測定器
C	5	calibration	校準
	6	caliper gauge	卡規
	7	check gauge	校對規
	8	clearance gauge	間隙規
	9	clinometer	測斜儀
	10	comparator	比測儀
	11	cylinder square	圓筒直尺
D	12	depth gauge	測深規
	13	dial indicator	針盤指示表

	14	dial snap gauge	卡規
	15	digital micrometer	數位式測微器
F	16	feeler gauge	測隙規
G	17	gauge plate	量規定位板
H	18	height gauge	測高規
I	19	inside calipers	內卡(鉗)
	20	inside micrometer	內分厘卡
	21	interferometer	干涉儀
L	22	leveling block	平臺
	23	limit gauge	限規
M	24	micrometer	測微器
	25	mil	千分之一英吋
	26	monometer	壓力計
	27	morse taper gauge	莫氏推拔規
N	28	nonius /caliper	游標卡尺
O	29	optical flat	光學平晶；光學平面樣板
	30	optical parallel	光學平行計
P	31	pass meter	外徑指示規
	32	position scale	位置刻度
	33	profile projector	輪廓光學投影儀
	34	protractor	分角器
R	35	radius	半徑
	36	ring gauge	環規
S	37	sine bar	正弦量規
	38	snap gauge	外卡規
	39	square master	角尺
	40	stylus	探針
T	41	telescopic gauge	伸縮性量規
W	42	working gauge	工作量規

23. 學理實驗與試驗用語

	No.		
A	1	air permeability test	透氣性試驗
	2	austenitic steel	沃斯田鐵鋼
B	3	Brinell hardness test	布氏硬度試驗
C	4	Charpy impact test	Charpy 衝擊試驗

	5	conical cup test	圓錐杯突試驗
	6	cup flow test	杯溢法式流動試驗
D	7	dart drop impact test	落錘衝擊試驗
E	8	Elmendorf test	Elmendorf 撕裂強度試驗
	9	environmental stress cracking test	環境應力龜裂試驗
	10	Ericessen test	杯突試驗
F	11	falling ball impact test	落球衝擊試驗
	12	fatigue test	疲勞試驗
	13	ferrite	鐵氧體
G	14	Gantt chart	甘特圖
H	16	heat cycle test	熱循環試驗
	15	histogram	柱狀圖
	17	hot bend test	熱彎試驗
I	18	Izod impact test	Izod 衝擊試驗
L	19	loop tenacity	環結強度
M	20	Martens heat distortion temperature test	塑料熱彎變形試驗
	21	Mullen bursting strength tester	破裂強度試驗機
N	22	Nol ring test	諾爾環試驗
	23	normal distribution	常態分配
	24	ozone resistance test	抗臭氧試驗
P	25	Pareto diagram	柏拉圖
	26	peeling test	剝離試驗
	27	pinhole test	針孔試驗
R	28	rattler test	磨耗試驗
	29	rockwell hardness	洛氏硬度
	30	rockwell hardness test	洛氏硬度試驗
	31	Rolinx process	Rolinx 射出壓縮成形法
	32	Rossi-Peakes flow test	Rossi-Peaks 流動試驗
S	33	sampling inspection	抽樣檢查
	34	scratch hardness	抗刮硬度
	35	Shore hardness	蕭氏硬度
	36	spiral flow test	螺旋流動試驗
	37	surface abrasion test	表面磨耗試驗
T	38	Taber abraser	Taber 磨耗試驗機
	39	tensile impact test	拉伸衝擊試驗
	40	tensile strength	抗拉強度
	41	tension test	張力試驗

	42	thermal shock test	冷熱劇變試驗
	43	torsion test	扭曲試驗
U	44	Ubbelohde viscometer	Ubbelohde 黏度計
V	45	Vicat indentation test	維卡儀
	46	Vickers hardness test	維氏硬度試驗
W	47	warpage test	翹曲試驗
	48	weatherometer	老化試驗機
	49	Weissenberg effect	Weissenberg 回轉效應

24. 業務與貿易關連用語

	No.		
A	1	accept order	接受訂貨
	2	account	帳戶
	3	after service	售後服務
	4	agent sale	總代理商
	5	annual sales	周年大拍賣
	6	at sight	見票即付
	7	attached	附件
B	8	balance	餘額
	9	bank draft	匯票
	10	bargain goods	廉價品
	11	batch	批次
	12	bid	出價
	13	bid sales	投標買賣
	14	bill of landing	提單
	15	bills receivable	應收票據
	16	brand	品牌
	17	bulk cargo	散裝貨
	18	business transaction	商業交易
	19	buyer	買方
C	20	carbon copy	打字副本
	21	cargo collection	攬貨
	22	cash in advance	預付現金
	23	catalogue	型錄
	24	cheque	支票
	25	claim	索賠

	No.	Term	中文
	26	clearance goods	清倉品
	27	CLF	運費保險費在內價格
	28	commision	傭金
	29	commission	批發商
	30	complain	抱怨
	31	container	貨櫃
	32	correspondence bank	往來銀行
	33	cost	成本
	34	cost and freight; C&F	含運費價格
	35	custom broker	報關行
	36	customer	客戶
D	37	D/A	承兌交單
	38	D/P	付款交單
	39	deferred payment	分期付款
	40	deferred shipment	分期裝運
	41	delivery on spot	當場交貨
	42	delivery order	交貨單
	43	delivery time	交期
	44	discount	折扣
	45	discount on draft	貼現
	46	documentary draft	跟單匯票
	47	down payment	訂金
E	48	enclosure	附件
	49	endorsement	背書
	50	enquete	調查
	51	exhibition	展覽會
	52	export	出口
F	53	factory visit	工廠參觀
	54	favourable price	合宜價格
	55	foreign exchange	外匯
	56	free on board	船上交貨價
I	57	idea price	希望價格
	58	import	進口
	59	invoice	發票
L	60	L/C	信用狀
M	61	margin	利潤
	62	market	市價

N 63 net weight 淨重
64 no payment 拒絕付款
O 65 odd item 零頭
66 offer 報價
67 offer sheet 報價單
68 open account 交互計算
69 order 訂單
70 over looked 疏漏
P 71 packing 包裝
72 pamphlet 小冊子
73 partial shipment 分批裝船
74 patent 專利
75 paying price 合算價格
76 payment method 付款方式
77 port of destination 目的港
78 port of trans-shipment 轉口港
79 price 價格
80 price descending 減價
81 price rising 漲價
82 procurement 採辦
83 prompt delivery 即時交貨
84 purchase 採購
85 purchasing agent 採購代理商
Q 86 quotation 報價單
R 87 rebate 回扣
88 reference 查詢
89 remittance 匯款
90 repeat order 追加訂貨
91 request letter 請求函
92 RFQ Request For Quotation 要求報價
93 rumor 謠傳
S 94 sample order 指樣訂貨
95 second hand goods 二手貨
96 shipment 出貨
97 shipper 貨主
98 shipping 裝船
99 shipping mark 麥頭

	No.	Term	中文
	100	sold out	賣完
	101	special discount	特別折扣
	102	specification	規格
	103	standing	信用情形
	104	storage charge	倉租
	105	subcontract	外包
	106	subject to final confirmation	有待確認之報價
	107	supplier	供應商
T	108	T/T	電匯
	109	tie-in sale	搭售
	110	trade fair	商展會
	111	transferred	已轉運
	112	trans-shipment	轉運
W	113	wharf	碼頭

25. 電腦關連用語

	No.	Term	中文
	1	3D modeling	三次元類比
A	2	access	通路
	3	application	應用
B	4	board	基板
	5	bug	故障
	6	bus	匯流排
C	7	CAD	電腦輔助設計
	8	CAE, Computer Aid Engineering	電腦輔助工程分析
	9	CAM, Computer Aid Manufacturing	電腦輔助製造
	10	cassette	卡座
	11	CD, Compact Disk	光碟
	12	color display	彩色顯示器
	13	command	指令
	14	communication	通訊
	15	compact	精簡小型
	16	computer	電腦
	17	copy	複製
	18	CPU, Central Processing Unit	中央處理器
	19	cursor	游標

	20	curve modeling	曲面模擬
D	21	database	資料庫
	22	design	設計
	23	digitizing	數位化
	24	disk	磁碟
	25	dot	點
E	26	E-MAIL, Electrical-Mail	電子郵件
	27	eyelet	眼孔
F	28	FDD, Floppy Disk Drive	軟碟機
	29	floppy	磁碟片
	30	format	格式化
G	31	graphic	圖解
H	32	hardware	硬體
	33	HDD, Hard Disk Drive	硬碟機
	34	honeycomb	蜂巢
I	35	interface	介面
K	36	know how	秘訣
L	37	laser printer	雷射印表機
	38	lay out	佈置
M	39	memory	記憶
	40	memory swap	交換記憶
	41	microprocessor	微處理器
	42	modeling	造型；模擬
	43	module	模組
	44	monitor	螢幕；監視器
	45	mouse	滑鼠
N	46	need	需求
	47	network	網路
	48	new version	新版
O	49	on line	線上
	50	option	選擇
P	51	PC	個人電腦
	52	plotter	繪圖機
	53	program	程式
S	54	scanning	掃描
	55	simulation	模擬
	56	software	軟體

	57	solid model	實體模型
	58	system	系統
T	59	tape	磁帶
	60	terminal	終端機
	61	trim	修邊
V	62	venter	排氣風扇
W	63	word processor	文書處理器

26. 其它

	No.		
	1	**3C;** Computer , Commumcation , Consumer electronics	消費性電子產品
	2	**4M1H,** Man/Material/Money/Method/Time	人力/物力/財務/技術/時間(資源)
A	3	**A.S.A.P,** As Sooner As Possible	越快愈好
	4	**A/C,** Accountant Dept	會計部
	5	**ABIOS,** Advanced Basic in put/output system	先進基本輸入/輸出系統
	6	Abrasive	磨輪
	7	administration/general affairs dept	總務部
	8	allround die holder	通用模型
	9	**AM,** Ante Meridian	上午
	10	amendment	修正
	11	animation	卡通影片；動畫
	12	application form for purchase	請購單
	13	Application status records of year-end physical inventory List and physical inventory card	年終盤點卡與清冊使用－狀況明細表
	14	approval examine and verify	審核
	15	**ASS'Y,** Assembly	裝配；組裝
	16	**ATTN,** Attention	知會
B	17	bill name	單據名稱
	18	blank and waste sheet NO.	空白與作廢單號
	19	**BOM,** Bill Of Material	物料清單
	20	**BS,** Brain storming	腦力激盪
C	21	**C/T** Cycle Time	製程周期
	22	**CAD,** Computer Aid Design	電腦輔助設計
	23	cause analysis	原因分析
	24	cause description	原因說明

	25	**CC,** Carbon Copy	副本複印相關人員
	26	**CD-ROM,** Compact Disk Read-Only Memory	唯讀光碟
	27	chairman	主席
	28	check point	查核點
	29	checked by	檢驗
	30	**CMOS,** Complemeruary Metoll Oxide Semiconductor	互補金屬氧化物半導體
	31	conclusion	結論
	32	**CONN,** Connector	連接器
D	33	**DC,** Document Center	資料中心
	34	decision items	決議事項
	35	department	部門
	36	description	敘述
	37	difference quantity	差異量
	38	**DIMM,** Dual in-line Memory Module	雙項導通匯流元件
	39	disposed goods / disposed products	處理品
	40	distribution department	分發單位
	41	document folder	文件夾
	42	**DT,** Desk Top	臥式(機箱)
	43	**DWG,** Drawing	圖
E	44	**ECN,** Engineering Change Notes	工程變更通知
	45	**ECO,** Engineering Change Order	工程變更要求
	46	end-user/using unit(department)	使用單位
	47	**ES,** Engineering Standardization	工程標準
	48	**ESD,** Electric-static Discharge	靜電排放
F	49	**F/C,** Flat Cable	排線
	50	file folder	資料夾
	51	filed by accounting department for reference	會計部存查
	52	finished products	成品
G	53	**GS,** General Specification	一般規格
I	54	**I/O,** Input/Output	輸入/輸出
	55	**IC,** Integrated Circuit	積體電路
	56	**IE,** Industrial Engineering	工業工程
	57	**IS,** Inspection Specification	成品檢驗規範
	58	**ISO,** International Standard Organization	國際標準組織
	59	item/group/class	類別
	60	**IWS,** International Workman Standard	國際勞工標準
J	61	**JIT,** Just In Time	即時供貨；零庫存

L	62	**L/T,** Lead Time	前置時間(生產前準備時間)
	63	**LAB,** Laboratory	實驗室
	64	**LED,** Light-Emitting Diode	發光二極管
	65	liaison	聯絡單
	66	location	地點
M	67	materials	物料
	68	**MC,** Material Control	物料控制
	69	**MCA,** Micro Channel Architecture	微通道結構
	70	meeting minutes	會議記錄
	71	meeting type	會別(會議類別)
	72	**MMC,** Maximum Material Condition	最大材料條件
	73	**MMS,** Maximum Material Size	材料最大尺寸
	74	Model	機種
	75	**MQA,** Manufacture Quality Assurance	製造品質保證
	76	**MRP,** Material Requirement Planning	物料需求計畫
	77	**MT,** Mini-Tower	立式(機箱)
	78	**MT'L,** Material	材料
N	79	**N/A,** Not Applicable	不適用
	80	not included in physical inventory	不列入盤點
	81	Notes	附帶說明
O	82	obsolete material	呆滯品
	83	**OC,** Operation System	作業系統
	84	**OEM,** Original Equipment Manufacture	原設備製造
	85	OK	好
	86	on way location	在途倉
	87	on-hand inventory	現有庫存
	88	oversea location	海外倉
P	89	**P/A,** Personal & Administration	人事行政部
	90	**P/M,** Product Market	產品市場
	91	packing materials	包裝材料
	92	**PCB,** Printed Circuit Board	印刷電路板
	93	**PCE,** Personal Computer Enclosure	個人電腦外設
	94	**PCE,** assembly production schedule sheet	組裝廠生產排配表
	95	**PCN,** Process Change Notice	工序改動通知
	96	**PD,** Department	生產部
	97	**PDA,** Personal Digital Assistant	個人數位助理
	98	**PE,** Product Engineering	產品工程部

99 Performance ········· 動作性能；功能
100 physical count quantity ········· 帳面數量
101 physical inventory ········· 盤點數量
102 **PM,** Post Meridian ········· 下午
103 **PMC,** Production & Material Control ········· 生產和物料控制
104 **PMP,** Product Management Plan ········· 生產管制計畫
105 **PPC,** Production Plan Control ········· 生產計畫控制
106 pre-fixed finishing date ········· 預定完成日
107 prepared by ········· 製表
108 present members ········· 出席人員
109 production control confirmation ········· 生產確認
110 production tempo. ········· 生產進度現狀
111 **PS,** Package Specification ········· 包裝規範
Q 112 **Q'TY,** Quantity ········· 數量
113 quantity of customs count ········· 會計師盤點數量
114 quantity of physical invetory second count ········· 複盤點數量
R 115 **R&D,** Research & Design ········· 設計開發部
116 **REF,** Reference ········· 僅供參考
117 remark ········· 備註
118 responsible department ········· 負責單位
119 **REV,** Revision ········· 版本；修正
120 **RFI,** Read Frequency Input ········· 讀頻輸入
S 121 **S/T,** Standard Time ········· 標準時間
122 sample ········· 樣品
123 **SECC,** SECC` ········· 電解片
124 second check ········· 複盤復核
125 second count ········· 複盤
126 semi-finished product ········· 半成品
127 **SGCC,** SGCC ········· 熱浸鍍鋅材料
128 **SIMM,** Single in-line memory module ········· 單項導通匯流元件
129 **SIP,** Specification In Process ········· 製程檢驗規格
130 **SOP,** Standard Operation Procedure ········· 製造作業規範
131 spare parts physical inventory list ········· 備品盤點清單
132 spare parts=buffer ········· 備品
133 **SPEC,** Specification ········· 規格
134 **SPS,** Switching power supply ········· 電源箱
135 **SQA,** Strategy Quality Assurance ········· 策略品質保證

	136	**SSQA,** Sales and service Quality Assurance	銷售及服務品質保證
	137	stock age analysis sheet	庫存貨齡分析表
	138	Subject	主題
	139	summary of year-end physical inventory bills	年終盤點截止單據匯總表
T	140	**T/P,** Position	眞位度
	141	**TBD,** To Be Discuss	待討論
	142	the first page	第一頁(聯)
	143	This sheet and physical inventory list will be sent to accounting department and financial department)	本表請與盤點清冊一起送會計部與財會部)
	144	to put file in order	整理資料
	145	Total	合計
	146	TPM, Total Production Maintenance	全面生產保養
	147	**TYP,** Type	類型
V	148	VS	以及
W	149	**W/H,** Wire Harness	金屬線緒束集元件
	150	warehouse/hub	倉庫
	151	waste materials	廢料
	152	**WDR,** Weekly Delivery Requirement	周出貨需求
	153	witness line	證示線
	154	work in progress product	在製品
	155	work order	工作指令
Y	156	year-end physical inventory difference analysis sheet	年終盤點差異分析表

國家圖書館出版品預行編目(EIP)資料

產品結構設計實務 / 林榮德編著. -- 初版. -- 臺北縣土城市：全華圖書, 2007〔民 96〕

面 ； 公分

ISBN 978-957-21-5793-0 (平裝)

1. CST：機構學 2.CST：機械-設計

446.01 96006638

產品結構設計實務

作者／林榮德
發行人／陳本源
執行編輯／楊煊閔
出版者／全華圖書股份有限公司
郵政帳號／0100836-1 號
印刷者／宏懋打字印刷股份有限公司
圖書編號／05861
初版七刷／2023 年 8 月
定價／新台幣 280 元
ISBN／978-957-215-793-0(平裝)
全華圖書／www.chwa.com.tw
全華網路書店 Open Tech／www.opentech.com.tw
若您對本書有任何問題，歡迎來信指導 book@chwa.com.tw

臺北總公司(北區營業處)
地址：23671 新北市土城區忠義路 21 號
電話：(02) 2262-5666
傳真：(02) 6637-3695、6637-3696

南區營業處
地址：80769 高雄市三民區應安街 12 號
電話：(07) 381-1377
傳真：(07) 862-5562

中區營業處
地址：40256 臺中市南區樹義一巷 26 號
電話：(04) 2261-8485
傳真：(04) 3600-9806(高中職)
(04) 3601-8600(大專)